普通高等教育“十二五”重点规划教材
中国科学院教材建设专家委员会“十二五”规划教材

Visual FoxPro 面向对象程序设计教程

王艳辉　范振钧　主　编
孙铭蔚　王　月　副主编

科学出版社
北　京

内 容 简 介

本书共分 8 章，内容涵盖了 Visual FoxPro 基础知识、数据与数据运算、Visual FoxPro 表与数据库操作、结构化查询语言 SQL、查询和视图、程序设计基础、表单设计与应用、菜单与报表设计。每章均包含了具体的理论知识与操作实例。全书紧扣全国计算机等级考试大纲要求，知识点覆盖全面，重点突出，对学习重点与难点均做了详细讲解；书中辅以精心选取的例题，部分例题根据最新考试大纲要求精心设计和编写，具有典型性；每章均配有习题，帮助读者巩固和提高每章所学内容。

本书可以作为高等院校非计算机专业学生的数据库课程教材，也可作为全国计算机等级考试二级 Visual FoxPro 的培训教材。

图书在版编目(CIP)数据

Visual FoxPro 面向对象程序设计教程/王艳辉，范振钧主编. —北京：科学出版社，2015

（普通高等教育“十二五”重点规划教材・中国科学院教材建设专家委员会“十二五”规划教材）

ISBN 978-7-03-043177-6

Ⅰ.①V… Ⅱ.①王… ②范… Ⅲ.①关系数据库系统-程序设计-高等学校-教材 Ⅳ.①TP311.138

中国版本图书馆 CIP 数据核字（2015）第 018898 号

责任编辑：戴薇　余梦洁 / 责任校对：王万红
责任印制：吕春珉 / 封面设计：东方人华平面设计部

科学出版社 出版
北京东黄城根北街 16 号
邮政编码：100717
http://www.sciencep.com

铭浩彩色印装有限公司 印刷

科学出版社发行　各地新华书店经销

*

2015 年 2 月第 一 版　开本：787×1092　1/16
2020年1月第五次印刷　印张：12 3/4
字数：302 000

定价：29.00 元

（如有印装质量问题，我社负责调换〈铭浩〉）
销售部电话 010-62134988　编辑部电话 010-62130874（VT03）

本书编委会

主　编： 王艳辉　范振钧

副主编： 孙铭蔚　王　月

参　编：（按姓氏字母先后为序）

齐　颖　吴树德　赵颖群　张佩强

前　言

Visual FoxPro 6.0 中文版是可运行于 Windows 操作系统的 32 位数据库开发系统。由于其具有简单易用、功能强大、兼容性好等特点，目前仍被广泛用于数据库应用系统的开发及教学。Visual FoxPro 6.0 使组织数据、定义数据库规则和建立应用程序等工作变得简单易行。利用可视化的设计工具和向导，用户可以快速创建表单、查询和打印报表。

本书从关系数据库管理系统的基本原理出发，根据全国计算机等级考试最新大纲规定的二级 Visual FoxPro 考试内容要求编写而成。全书内容组织合理、实例丰富、体系清晰、深入浅出、通俗易懂，并注重培养读者利用 Visual FoxPro 解决实际问题的能力，以便读者可以更快地掌握 Visual FoxPro 的应用。通过对本书的学习，读者不仅能掌握 Visual FoxPro 可视化的面向对象程序设计方法和数据库应用程序的开发技术，同时所学知识还能满足参加全国计算机等级考试二级 Visual FoxPro 考试的要求。本书每章后面都有一定数量的习题，以帮助读者复习本章的重点内容。

本书由王艳辉、范振钧担任主编并负责统稿。第 1 章由齐颖编写，第 2 章由孙铭蔚编写，第 3 章由王月编写，第 4 章由赵颖群编写，第 5 章由张佩强编写，第 6 章由王艳辉编写，第 7 章由吴树德编写，第 8 章由范振钧编写。在编写和出版本书的过程中，得到了通化师范学院计算机学院全体教师的极大帮助和支持，在此表示衷心的感谢！

由于时间仓促，加之编者水平有限，书中疏漏与不妥之处在所难免，欢迎广大读者批评指正，提出宝贵意见！

编　者

2014 年 12 月

目　　录

第 1 章 Visual FoxPro 基础知识

随着信息化社会的发展，利用计算机处理数据已日益普及化。Visual FoxPro（VF）是为数据库管理和应用程序开发而设计的一款功能强大的交互式数据管理工具。Visual FoxPro 采用了可视化的编程工具和面向对象的程序设计思想。在组织信息、运行查询、创建集成的关系型数据库系统及编写应用程序等方面，Visual FoxPro 都提供了强大的功能支持。

1.1 数据库基础知识

数据库技术是 20 世纪 60 年代末兴起的一种数据管理技术，主要用于存储数据、使用数据和管理数据。数据库管理系统是处理数据的有效工具。目前，数据库管理系统已成为计算机数据信息管理的主要方式和数据库系统的核心。

1.1.1 数据管理

1. 数据与数据处理

数据是存储在某一媒体上的能够被识别的物理符号，是描述客观事物的符号记录，是用物理符号记录下来的可以被鉴别的事物特性。数据包括数字、文字、图形、图像、动画、声音等，如 2011 年 2 月 28 日、“王阳”、$450。

信息是数据经过加工处理后的有用结果，是能表示一定含义的数据，如数据描述“王阳，20140135，男，1995，江苏，计算机系”。经过简单的推论后，可得出这样的信息，王阳的学号为 20140135，性别男，1995 年出生，江苏人，2014 年考入计算机系。

数据与信息在概念上是有区别的。不是所有的数据都能成为信息，只有经过加工处理的数据才能成为信息。数据经过加工处理后所得到的信息仍然是以数据的形式出现的，此时的数据是信息的载体，成为人们认识信息的一种媒介。数据与信息之间的关系如下：信息=数据+处理。

数据处理是将数据转换成信息的过程。在使用计算机对一组数据进行管理时，必须对各种类型的数据进行收集、存储、计算、加工、检索和传输等，这一系列的处理过程就是数据处理。

2. 数据管理技术的发展

计算机对数据的管理是指对数据进行的组织、分类、编码、检索和维护等操作。计算机在数据管理方面经历了由低级到高级的发展过程，主要有人工、文件系统、数据库系统、分布式数据库系统、面向对象的数据库系统等管理阶段。

（1）人工管理阶段

20 世纪 50 年代中期以前为人工管理阶段，计算机主要用于科学计算，当时外部存储器只有卡片、纸带、磁带，没有磁盘等直接存储设备，也没有操作系统和数据管理等相关软件。

程序员必须掌握数据在计算机中的存储地址和方式，才能在程序中正确地使用数据。程序与数据不独立，数据不能保存，程序之间有数据冗余。

（2）文件系统管理阶段

20 世纪 50 年代后期至 60 年代中期为文件系统管理阶段，计算机的软件系统和硬件系统都有很大的进步。硬件方面有了磁盘、磁鼓等直接存储设备，软件上出现了高级语言和操作系统。程序与数据有了一定的独立性，程序和数据分开存储，数据文件可以长期保存在外部存储器上并可多次使用。数据存储在数据文件中，由文件管理系统管理数据。数据文件和程序文件相互依赖，数据冗余度大，且会造成数据的不一致性。

（3）数据库系统管理阶段

20 世纪 60 年代后期至今为数据库系统管理阶段，有大量的数据需要计算机来组织管理，其中对大量数据共享的需求也急剧增长。数据库通过数据库管理系统进行管理，数据冗余度减小，共享性提高。

（4）分布式数据库系统管理阶段

20 世纪 70 年代后期，数据库系统多数是集中式的。网络技术的发展为数据库提供了越来越好的环境，使数据库系统从集中式系统结构发展到分布式客户/服务器（client/server，C/S）系统结构。在一个分布式数据库中，可以对所需数据进行透明的操作，这些数据在不同的数据库中分布，不同位置的数据库协同工作，用户可以访问网络上任意位置的数据库中的数据。

（5）面向对象的数据库系统管理阶段

面向对象的程序设计是 20 世纪 80 年代引入计算机科学领域的一种新的程序设计技术。面向对象的数据库是数据库技术与面向对象的程序设计相结合的产物。面向对象的数据库是面向对象的方法在数据库领域中的实现和应用，它既是一个面向对象的系统，又是一个数据库系统。

1.1.2 数据库系统

1. 数据库

数据库（database，DB）是存储在计算机存储设备上的结构化的相关数据的集合。

数据库的特点是：数据的共享性，即数据库中的数据可为多个程序和用户服务；数据的独立性，即数据文件与用户的应用程序彼此独立；数据库的数据冗余度（重复）小。

2. 数据库应用系统

数据库应用系统（database application system，DBAS）是指系统开发人员利用数据库系统资源开发出来的应用软件系统，如劳资系统、人事管理系统、学生信息系统、教务管理系统等。

3. 数据库管理系统

数据库管理系统（database management system，DBMS）是帮助用户建立、使用和管理数据库的软件系统，是数据库系统的核心部分。数据库管理系统是管理数据库数据的大型程序，是用户与数据库的接口。数据库管理系统提供各种命令对数据库进行操作，可以帮助用户完成数据库的建立、查询、显示、修改、打印报表等工作。

4. 数据库系统

数据库系统（database system，DBS）是引进数据库技术后的计算机系统。数据库系统不但能够有组织地、动态地存储大量相关数据，而且能够进行数据处理和信息资源共享。数据库系统由五部分组成：计算机硬件系统、数据库集合、数据库管理系统及相关软件、数据库管理员和用户。

数据库系统的组成如图 1-1 所示。

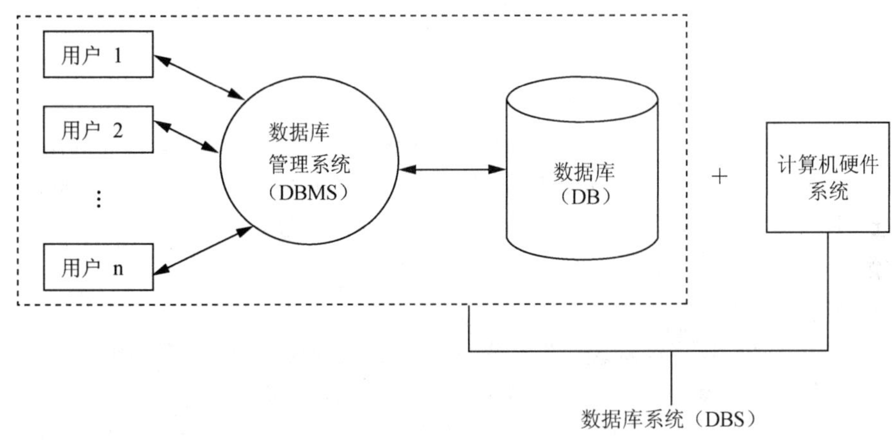

图 1-1 数据库系统组成

数据库系统的特点如下。

1）实现数据共享，减少数据冗余度。不同用户既可以使用数据库中的不同数据，也可以调用相同的数据。数据共享可以提高数据的利用率，减少数据的冗余度。

2）采用特定的数据模型。结构化的数据通过数据模型表现事物内部属性间的联系和事物之间的联系。任何数据库管理系统都支持一种抽象的数据模型。

3）具有较高的数据独立性。用户只需操作数据，而无需考虑数据存储的物理位置与结构。

4）有统一的数据控制功能。数据库可以被多个用户或应用程序共享，数据的存取是并发的，即多个用户同时使用一个数据库。数据库管理系统必须提供相应的措施，如并发访问控制功能、数据安全性控制功能和数据完整性控制功能等。

5）数据安全性功能。数据库系统可以提供安全性与保密性措施。数据的安全性涉及数据的保护措施，可以避免非法用户对数据的破坏或泄露。

1.1.3 数据模型

数据库不仅要反映数据本身的内容，而且要反映数据之间的联系。在数据库中用数据模型显示和处理现实世界的数据和信息。数据模型就是现实世界的模拟。

1. 实体、实体属性、实体间联系

实体是客观存在并且可以相互区别的事物，如一名学生、一名教师、一部电影等。

实体属性用来描述实体特性。例如，学生的实体属性用学号、性别、出生日期、成绩等来描述。

实体间联系就是实体之间的对应关系。实体间联系反映实体之间及实体内部属性之间的关联。实体间联系有三种：一对一联系、一对多联系、多对多联系。

1）一对一联系（1∶1)：例如，一个班级只有一名班长，一名学生只有一个学号，一位公民只有一个身份证号码。

2）一对多联系（1∶n)：例如，一个学院有多名教师，一个班级有多名学生。

3）多对多联系（m∶n)：例如，多名学生可以选修多门课程，学生与课程间具有多对多联系。

2. 数据模型

为了反映事物本身及事物之间的各种联系，数据库中的数据必须有一定的结构，数据模型就是用来表示这种结构的。数据模型是数据库管理系统表示实体及实体间联系的方法，即事物及其属性间的各种联系。数据模型是数据库系统的基础，因此任何一个数据库管理系统都是基于某种数据模型的。数据模型分为三种：层次数据模型、网状数据模型、关系数据模型。

（1）层次数据模型

层次数据模型是用树形结构表示实体及实体间联系的模型，它实际是由若干个代表实体之间的一对多联系的基本层次组成的“树状”结构。在这种模型中数据被组织成由根开始的倒置的“树”，根结点在上，子结点在下；有且只有一个根结点；上下级结点之间关系是一对多的联系，即父子关系，如家谱、单位部门、学院机构等。

（2）网状数据模型

网状数据模型是用网状结构表示实体及实体间联系的模型。网状数据模型突破了层次数据模型的限制。因此网状数据模型可以表示各种类型的联系。网状数据模型主要表示了实体之间多对多联系的关系结构。

（3）关系数据模型

关系数据模型是用二维表结构来表示实体及实体间联系的模型。一个关系就是一个二维表，无论实体本身还是实体间联系均用二维表表示。在关系数据模型中操作的对象和结果都是二维表。

1.2 关系数据库

1.2.1 关系数据模型

每个关系都有一个关系名。在 Visual FoxPro 中，一个关系存储为一个文件，文件扩展名为.dbf，称为“表”。一个关系的模式对应一个关系的结构。

其格式为：

```
关系名(属性名1,属性名2,…,属性名n)
```

或

```
表名(字段名 1,字段名 2,…,字段名 n)
```

表中的行称为元组或记录。每一行对应存储文件中的一条记录。同一关系中不允许有完全相同的记录（行唯一）。

表中的列称为属性或字段，每一列对应存储文件中的一个属性。每个属性都有属性名、数据类型、宽度等。同一关系中不能出现相同的属性名（列唯一）。

域表示属性的取值范围。例如，学生的年龄在 17～22 岁，性别的属性域为男、女。

关键字指属性或属性组的集合，其值能够唯一标识一条记录。如果一个表中有多个字段都符合关键字的条件，只能选择一个作为主关键字，其余为候选关键字。例如，在学生关系中主关键字是学号。

如果表中的一个字段不是本表的主关键字，而是另外一个表的主关键字，这个字段称为外部关键字。外部关键字用来表示表与表之间的关联。

如图 1-2 所示，在学生关系中，关系名（表名）是学生；字段名（属性名）有学号、姓名、年龄、性别、院系编号、照片、简历；记录（元组）共有 8 条；学号字段的属性值域是 s1～s8。

学生

学号	姓名	年龄	性别	院系编号	照片	简历
s1	徐啸	17	女	2	gen	memo
s2	辛国年	18	男	6	gen	memo
s3	徐玮	20	女	1	gen	memo
s4	邓一欧	21	男	6	gen	memo
s5	张激扬	19	男	6	gen	memo
s6	张辉	22	女	3	gen	memo
s7	王克非	18	男	5	gen	memo
s8	王刃	19	男	4	gen	memo

图 1-2　学生关系

1.2.2　关系运算

关系运算是在关系的基础上对记录或字段进行运算的操作，运算结果仍是关系。关系的基本运算有两类：传统的集合运算有并、交、差等，专门的关系运算有选择、投影、联接等。

1. 传统的集合运算

进行并、交、差运算的关系须有相同的结构。

1）并：两个相同结构关系的并是这两个关系所有记录的集合。例如，有两个结构相同的课程关系 R1 和 R2，分别存放两个班的课程记录，把第二个班级的课程记录 R2 追加到第一个班级的课程记录 R1 后面，就是这两个关系的并集。

2）交：两个相同结构关系的交是这两个关系中相同的记录组成的集合。例如，有两个结构相同的课程关系 R1 和 R2，分别存放两个班的课程记录，R1 和 R2 两个课程关系中相同的课程记录，就是这两个关系的交集。

3）差：两个相同结构关系的差是前一个关系去掉后一个关系中相同的记录的集合。例如，有两个结构相同的课程关系 R1 和 R2，分别存放两个班的课程记录，R1 和 R2 两个课程关系中不同的课程记录，就是这两个关系的差集。

2. 专门的关系运算

选择运算是从关系中找出满足条件的记录的操作，是对关系水平方向行的选择，操作结果是原关系的一个子集。例如，查询年龄在 20 岁以上的学生。

投影运算是从关系中指定若干个属性的操作，是对关系垂直方向列的选择。例如，只显示学生表的学号、姓名字段。

联接运算是按照联接条件将两个关系组合成一个新关系的操作，即两表的横向结合。例如，学生表和成绩表，通过学号联接生成一个新的关系。

在对关系数据库的查询中，投影运算、选择运算的操作对象只是一个表，相当于对一个二维表进行行或列的分割。联接运算至少需要两个表作为操作对象，并根据需求进行两两联接。

1.3 Visual FoxPro 系统概述

1.3.1 Visual FoxPro 的发展和特点

1. Visual FoxPro 的发展

20 世纪 80 年代初期，出现了 dBASEⅡ/Ⅲ、dBASEⅢplus、dBASEⅣ。

20 世纪 80 年代中期，出现了 FoxBASE（1987）、Fox plus、FoxBASE。

20 世纪 90 年代早期，FoxPro 引入了图形化用户界面、多媒体技术、面向对象技术和查询优化技术。

1995 年 6 月，随着面向对象技术的成熟和可视化编程技术的推广，微软公司推出了 Visual FoxPro 3.0。

1998 年，微软公司发布了可视化编程语言集成包 Visual Studio 6.0，Visual FoxPro 6.0 为其中一员。

2. Visual FoxPro 的特点

Visual FoxPro 的特点如下。

- 具有可视化的操作界面及面向对象程序设计方法。
- 增强的项目及数据库管理。
- 能够提高应用程序开发的生产率。
- 具有互操作性并支持 Internet。
- 能够充分利用已有数据。

1.3.2 Visual FoxPro 的安装和启动

Visual FoxPro 对系统配置要求不高，Window XP 和 Windows 7 操作系统均可以满足兼容性需求。Visual FoxPro 的安装操作也比较简单，执行安装程序后，按照安装向导的提示进

行操作即可。通过选择“开始”菜单中的命令，或者双击桌面上的快捷方式图标，即可启动Visual FoxPro。退出Visual FoxPro的方法有五种：单击标题栏中的“关闭”按钮；在菜单栏中选择“文件/退出”命令；双击标题栏中的狐狸图标；按Alt+F4组合键；在命令窗口中输入QUIT命令并执行。

1.3.3 Visual FoxPro 的用户界面

Visual FoxPro有三种工作方式：利用菜单或工具栏按钮执行命令；在命令窗口中直接输入命令进行交互或操作；利用各种生成器自动生成程序或编写Visual FoxPro程序，然后执行。前两种方法属于交互式工作方式，可以通过这两种方法得到同一种结果。执行命令文件为自动化工作方式。

Visual FoxPro的用户界面如图1-3所示。

图1-3 用户界面

1.3.4 项目管理器

在Visual FoxPro系统环境中完成一定的管理任务或开发应用程序时，需要创建相应的表、数据库、表单、报表、查询、类、程序等，这些新创建的组件保存在不同类型的文件中。为了便于管理这些文件，Visual FoxPro提供了一个项目管理器。

项目管理器是Visual FoxPro系统的“控制中心”。项目管理器可将一个应用程序的所有文件都集合成一个有机的整体，形成一个扩展名为.pjx的项目文件。项目管理器内包含表、数据库、表单、报表、查询、类、程序等，如图1-4所示。

1. 创建项目文件

创建一个项目有两种途径：一是仅创建一个项目文件，用来分类管理其他文件；二是使用应用程序向导生成一个项目和一个Visual FoxPro应用程序框架。要创建项目文件，在菜单栏中选择“文件/新建”命令，弹出“新建”对话框，在该对话框中点选“项目”单选按钮，单击“新建文件”按钮，在弹出的“创建”对话框中选择保存路径和项目文件名，单击

“保存”按钮即可。激活项目管理器时，同时在菜单栏中显示“项目”菜单项。对已经创建的项目文件，以后打开时同时自动弹出项目管理器。

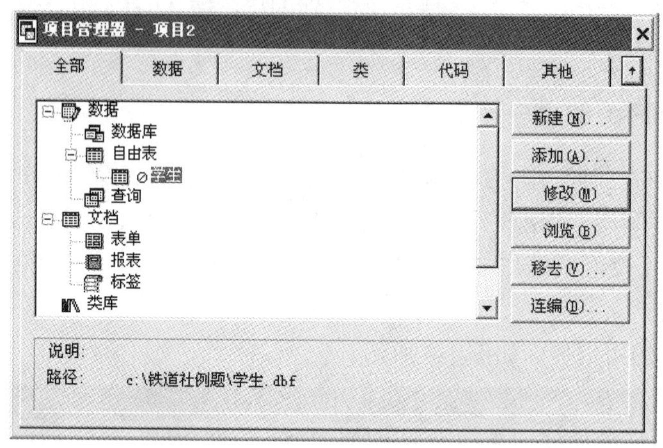

图 1-4 项目管理器

2. 打开和关闭项目文件

在 Visual FoxPro 环境中，在菜单栏中选择“文件/打开”命令，在弹出的“打开”对话框中选定项目文件，单击“确定”按钮即可。

单击项目管理器右上角的“关闭”按钮，即可关闭项目管理器。

3. 项目管理器的选项卡

项目管理器包含“全部”、“数据”、“文档”、“类”、“代码”、“其他”六个选项卡。

- “全部”选项卡用于显示和管理项目中相应类型的文件。
- “数据”选项卡包含了该项目中的所有数据，即数据库、自由表、查询和视图等。
- “文档”选项卡包含了该项目中处理数据时所用的全部文档，即表单、报表和标签等。
- “类”选项卡用于显示和管理类设计器建立的类库文件等。
- “代码”选项卡用于显示和管理程序文件（.prg）、函数库文库（.api）、应用程序文件（.app）等。
- “其他”选项卡用于显示和管理菜单文件、文本文件、图像和图形文件等。

4. 项目管理器的使用

在项目管理器中，用户可以通过可视化的直观操作在项目中创建、添加、修改、移去和运行指定的文件。项目管理器的右侧显示六个按钮，根据所选文件的不同将出现不同的按钮组，其中主要按钮的意义如下。

1)“新建”按钮：创建一个新文件或对象。要在项目管理器中创建文件，首先要确定新文件的类型，只有选定了文件类型以后，“新建”按钮才可用。在项目管理器中新建的文件自动包含在该项目文件中，而利用“文件/新建”命令创建的文件不属于任何项目文件。

2）“添加”按钮：可以把一个已经存在的文件添加到项目文件中。实际上，每个文件都以独立文件的形式存在，某个项目包含的某个文件只是表示该文件与项目建立了一种关联。一个文件可以包含在多个项目中，项目仅仅需要知道所包含的文件的位置，而不需要关心所包含的文件的其他信息；如果一个文件同时被多个项目所包含，那么在修改该文件时修改的结果将同时在相应的项目中得到体现，这样就避免了多个项目分别修改文件而导致修改不一致的后果出现。

3）“修改”按钮：利用该按钮可以随时修改项目中的指定文件。如果被修改的文件同时在多个项目中，修改的结果对其他项目无效。

4）“移去”按钮：利用该按钮移去项目中不需要的文件或对象，会弹出提示对话框，询问用户是仅从项目中移去此文件（系统仅仅从项目中移去所选的文件，被移去的文件仍存储在磁盘中），还是同时将其从磁盘中删除（系统不仅从项目中移去所选的文件，还将从磁盘中删除该文件）。

1.3.5 向导、设计器和生成器

向导、设计器和生成器是 Visual FoxPro 提供的三种交互式的可视化开发工具，这些工具可以使得创建表、表单、数据库、查询和报表及管理数据的操作更加轻松。

1. 向导

向导是一种交互式程序，用户根据向导提示设置一系列选项，最后生成文件或执行相应的任务。向导把复杂的操作分解为若干简单的步骤来完成，每一步使用一个对话框，然后把这些对话框按照适当的顺序组合在一起。每种向导都包含多个模板文件。

Visual FoxPro 向导有表向导、数据库向导、视图向导、查询向导、图形向导、表单向导、报表向导等。

2. 设计器

设计器是创建和修改应用系统各种组件的可视化工具。设计器集成了用于设计某个对象的各种操作，并赋予可视化的提示。

Visual FoxPro 设计器有表设计器、数据库设计器、查询设计器、视图设计器、表单设计器、菜单设计器、报表设计器等。

3. 生成器

生成器主要用于方便、快速地设置对象并提供一些辅助选项，如帮助用户为特定的对象设置属性，或者用组合子句创建特定的表达式等。与向导不同，生成器是可以重录入的，这样就可以多次打开某一对象的生成器。生成器是带有选项卡的对话框，用于简化对表单、复杂控件和参照完成性代码的创建和修改。

Visual FoxPro 生成器有表单生成器、表格生成器、文本框生成器、表达式生成器、命令按钮生成器等。

习 题 1

一、选择题

1．项目管理器的“数据”选项卡用于显示和管理（　　）。

A．数据库、自由表和查询　　B．数据库、视图和查询

C．数据库、自由表、查询和视图　　D．数据库、表单和查询

2．项目管理器的“文档”选项卡用于显示和管理（　　）。

A．表单、报表和查询　　B．数据库、表单和报表

C．查询、报表和视图　　D．表单、报表和标签

3．DBAS 指的是（　　）。

A．数据库管理系统　　B．数据库系统

C．数据库应用系统　　D．数据库服务系统

4．Visual FoxPro 的主界面包括（　　）。

A．标题栏和菜单　　B．工具栏和状态栏

C．命令窗口　　D．以上全部

5．Visual FoxPro 关系数据库管理系统能够实现的三种基本关系运算是（　　）。

A．选择、投影、联接　　B．索引、排序、查找

C．选择、索引、联系　　D．差、交、并

6．Visual FoxPro 是一种（　　）。

A．数据库管理系统　　B．数据库

C．文件管理系统　　D．语言处理程序

7．Visual FoxPro 是一种关系数据库管理系统，关系是指（　　）。

A．表中各记录间的关系

B．表中各字段间的关系

C．数据模型符合满足一定条件的二维表格

D．一个表与另一个表间的关系

8．Visual FoxPro 支持（　　）两种工作方式。

A．命令方式和菜单工作方式

B．交互操作方式和程序执行方式

C．命令方式和程序执行方式

D．交互操作方式和菜单工作方式

9．把各个数据库文件联系起来构成一个统一的整体，在数据库系统中需要采用一定的（　　）。

A．操作系统　　B．文件系统　　C．文件结构　　D．数据结构

10．项目管理器的“文档”选项卡中包含（　　）。

A．表单文件　　B．报表文件

C．标签文件　　　　　　　　　　D．以上三种文件

11．使用数据库技术进行人事档案管理是属于计算机的（　　）。

A．科学计算应用　　　　　　　　B．过程控制应用

C．数据处理应用　　　　　　　　D．辅助工程应用

12．数据库（DB）、数据库系统（DBS）、数据库管理系统（DBMS），三者之间的关系是（　　）。

A．DB 包含 DBS 和 DBMS　　　　B．DBS 包含 DB 和 DBMS

C．DBMS 包含 DBS 和 DB　　　　D．三者同级，没有包含关系

13．下列方法中，不能退出 Visual FoxPro 的是（　　）。

A．选择“文件/关闭”命令

B．选择“文件/退出”命令

C．单击窗口标题栏中的“关闭”按钮

D．按 Alt+F4 组合键

14．下列命题中错误的是（　　）。

A．关系中每一个属性对应一个值域

B．关系中不同的属性可对应同一值域

C．对应于同一值域的属性为不同的属性

D．DOM(A)表示属性 A 的取值范围

15．下列字段名中不合法的是（　　）。

A．姓名　　　B．3 的倍数　　　C．abs_7　　　D．UF1

16．下列关于项目及项目中的文件的叙述，不正确的一项是（　　）。

A．项目中的文件是项目的一部分，永远不可分开

B．项目中的文件不是项目的一部分

C．项目中的文件是独立存在的

D．项目中的文件表示该文件与项目建立了一种关系

17．在 Visual FoxPro 中，显示命令窗口的正确操作是（　　）。

A．单击常用工具栏上的“命令窗口”按钮

B．选择“窗口/命令窗口”命令

C．按 Ctrl+F2 组合键

D．以上方法均可以

二、填空题

1．数据库管理系统支持的数据模型主要有三种，即层次数据模型、网状数据模型、________。

2．用二维表的形式来表示实体间联系的数据模型称为________模型。

3．在关系数据库的基本操作中，从表中取出满足条件记录的操作称为________。

4．在关系数据库的基本操作中，把两个关系中相同属性值的记录联接到一起形成新的二维表的操作称为________。

5．在关系数据模型中，二维表的列称为属性，二维表的行称为________。

6．数据库系统的核心是________。

7．在运动会比赛中，一个运动员可以参加多项比赛，一个比赛项目可以有多个运动员参加，运动员与比赛项目两个实体之间的联系是________联系。

8．实体之间联系的三种类型是一对一、________、多对多。

三、简答题

1．什么是关系数据库？

2．Visual FoxPro有哪几种工作方式？

3．试述数据库、数据库系统、数据库管理系统之间的关系。

第 2 章　数据与数据运算

Visual FoxPro 中所涉及的数据处理主要面向两个方面，一方面是针对表中数据进行处理，另一方面是对表外数据进行处理。数据类型决定了数据的存储方式和运算方式，根据计算机系统处理数据的形式可以将数据分成常量、变量、表达式和函数四种形式。常量和变量是数据运算和处理的基本对象，而表达式和函数则是程序设计中最常见的对象。本章将分别介绍这四种数据。

2.1 常　　量

常量表示一个具体的、固定不变的值，是在命令和程序中直接引用的具体值，该值在运行过程中始终不变，用于数据的输入。常量包括六种类型：数值型、货币型、字符型、日期型、日期时间型、逻辑型。

1. 数值型

数值型（N）用来表示一个数量的大小，由数字 0～9、小数点、正负号构成，如 12、0.1、−1.23；还可以用科学记数法表示，如 1.3E−12 表示 1.3×10^{-12}。

2. 货币型

货币型（Y）用来表示货币值，在数值前加一个定界符（$），保留四位小数，能够自动进行四舍五入，如$123.45678 存储为$123.4568。

3. 字符型

字符型（C）习惯称为字符串，由汉字、英文字母、数字等字符组成。表示方法为用单引号（' '）、双引号（" "）或方括号（[ ]）三种定界符将字符串括起来。定界符必须成对出现，不能一边单引号而另一边双引号。例如，'AB 是不合法的，"计算机"是合法的。当定界符作为字符串内容时，外层定界符要加以区分，如["我们"]是合法的、""我们""是非法的。

注意区分下述两种形式：不包含任何字符的字符串（""）叫做空串，与包含空格的字符串（" "）不同。

4. 日期型

日期型（D）用来表示日期，定界符是一对花括号（{}），花括号内年、月、日之间用分隔符分隔。分隔符包括连字符（-）、左斜杠（/）、句点（.）和空格，其中左斜杠是系统默认分隔符。日期型常量分传统式和严格式两种日期格式。

1）传统日期格式默认为美国日期格式：mm/dd/yy（月/日/年），年份可以是两位数字，也可以是四位数字，如{01/05/11}、{01-05-11}、{01/05/2011}。

2）严格式日期格式：{^年/月/日}，书写规则是用花括号（{}）作为定界符，第一个字符为脱字符（^），年份为四位，按年、月、日顺序书写，不能颠倒，如{^2011/01/05}。

日期型常量的格式相关命令如下。

（1）设置日期显示分隔符

【格式】SET MARK TO [分隔符]

【说明】设置显示日期型数据使用的分隔符。常用的分隔符为连字符（-）和句点（.）。当 SET MARK TO 后未指定任何分隔符时，恢复系统默认的分隔符，即左斜杠（/）。

（2）设置日期显示格式

【格式】SET DATE TO <YMD|DMY|MDY>

【说明】设置日期显示格式，指定年、月、日的顺序。

- YMD：设置为年月日格式。
- DMY：设置为日月年格式。
- MDY：设置为月日年格式。

（3）设置显示年份位数（两位或四位）

【格式】SET CENTURY OFF|ON| TO [世纪值] ROLLOVER[年份参照值]

【说明】设置显示日期型数据时年份的位数及是否显示世纪值。OFF 表示 2 位，ON 表示 4 位；TO 选项确定用 2 位数字表示年份所处的世纪，若该日期的 2 位年份大于等于[年份参照值]，则它所处的世纪即为[世纪值]，反之为[世纪值]+1。

（4）设置是否对日期格式进行检查

【格式】SET STRICTDATE TO [0 | 1 | 2]

【说明】设置是否对日期格式进行检查。

- 0 表示不进行严格的日期格式检查。
- 1 是系统的默认设置，表示进行严格的日期格式检查。
- 2 表示进行严格的日期格式检查，并且对 CTOD( )和 CTOT( )函数的格式也有效。

例如，?{^01/05/11}，使用参数 1 或 2 时显示出错，使用 SET STRICTDATE TO 0 即可。

又如，在命令窗口输入下面内容，验证其结果。

```
SET CENTURY ON                   &&显示世纪值（即 4 位年份）
SET MARK TO                      &&取默认分隔符/
SET DATE TO YMD                  &&显示格式为 ymd
?{^2011-01-05}                   &&注意查看命令结果
SET CENTURY OFF                  &&关闭世纪值的显示（即两位年份）
SET MARK TO "."                  &&设置分隔符为.
SET DATE TO MDY                  &&显示格式为 mdy
?{^2011-01-05}                   &&这个结果与上面结果有什么不同
SET STRICTDATE TO 0              &&不检查日期格式
?{^2011-01-05},{09.22.01}        &&这时可以用传统日期格式
SET MARK TO ";"
?{^2011-01-05},{09.22.01}
```

分析以下命令的结果，理解 SET CENTURY TO 命令的作用。

```
SET CENTURY ON
SET STRICTDATE TO 0
?{01-05-11}
SET CENTURY TO 19 ROLLOVER 48
?{01-05-11}                        &&注意这时的日期显示结果
?{10-08-48},{10-08-50}             &&注意这时的显示结果
```

5. 日期时间型

日期时间型（T）数据是描述日期和时间的数据，包括日期和时间两部分内容：{<日期>, <时间> }。

日期时间型数据除了包含日期的年、月、日，还包含时、分、秒及上午、下午等内容。

输入格式：{ ^yyyy/mm/dd hh:mm:ss }。

输出格式：mm/dd/yy hh:mm:ss。

其中，yyyy 表示年，mm 表示月，dd 表示日，hh 表示小时，mm 表示分，ss 表示秒；AM（或 A）和 PM（或 P）分别代表上午和下午，默认值为 AM。

日期时间型数据占用 8 个字节的存储空间。日期部分的取值范围与日期型数据相同，时间部分的取值范围为 00:00:00 AM～11:59:59 PM。

6. 逻辑型

逻辑型（L）数据用句点作为定界符，只有逻辑真和逻辑假两个值。此类型数据只占用 1 个字节的存储空间。逻辑真用“.T.”或“.Y.”表示（不区分大小写），逻辑假用“.F.”或“.N.”表示（不区分大小写）。

注意：两个点不能省略。

2.2 变　　量

变量是在命令操作和程序运行过程中其值可以改变的量。变量包括四种类型：字段变量、内存变量、数组变量、系统变量。

2.2.1 字段变量

在表中，由于各条记录对同一个字段可能取值不同，所以数据表中的字段即为字段变量，如姓名、性别等。

2.2.2 内存变量

内存变量是内存中的一种临时的信息存储单元，独立于数据库文件而存在，与数据打开与否无关。断电后，内存变量信息随之消失。例如，LIST FOR 姓名="李明明"，每次都输入姓名="李明明"会很麻烦，可以设 A="李明明"，这时 A 即为内存变量。内存空间如同一个个抽屉，可以随意放置任何东西，将常用的数据放于其中，调用的是一个符号，即内存变量

名。其内容也可以随时改变，如 B ="李小明"。

1. 内存变量的基本规则

1）命名规则：以英文字母或汉字开头，可由数字、字母（不区分大小写）、汉字和下划线组成。每个变量有唯一识别的变量名，不可重名。

2）变量既可作为内存变量，也可作为字段变量。当内存变量与字段变量同名时，必须在内存变量名前加前缀 M->或 M .来区别。

2. 内存变量的赋值

【格式 1】<内存变量>=<表达式>

【说明】一次只能给一个变量赋一个值。例如，“A=123，B=123”是正确的，但“A=B=123”是错误的。

【格式 2】STORE <表达式>TO <内存变量>

【说明】同时给多个内存变量赋同一个值。各内存变量名之间必须用逗号分隔开。

例如，“STORE 8.88 TO A,B”即得出 A=8.88，B =8.88。

3. 输出内存变量的值

【格式 1】?<表达式>

【格式 2】??<表达式>

【说明】先计算表达式表中各表达式的值，然后将结果输出。不管有无指定表达式，格式 1 都会输出一个换行符，若指定了表达式，则表达式值将在下一行的起始处输出；格式 2 不输出换行符，各表达式值在当前行的光标所在处直接输出。

例如：

```
A=1
B=2
?A , B
?"A-B=",A-B
??"A+B=",A+B
```

显示结果如下。

```
1  2
A-B=-1      A+B=3
```

4. 内存变量的显示

【格式 1】LIST MEMORY [LIKE<通配符>]

【格式 2】DISPLAY MEMORY [LIKE<通配符>]

【说明】显示内存变量的当前信息，包括变量名、作用域、取值和类型。

格式 2 和格式 1 的区别：格式 1 不暂停，直到显示结束；格式 2 分屏显示，每显示一屏暂停，等待用户按任意键继续显示。

注意：通配符包括“*”和“？”。“*”表示多个字符；“?”表示一个字符。内存变量名不能加定界符。

例如：

```
STORE "BOODBEY"TO X1
STORE "HELLO"TO X2
DISPLAY MEMORY LIKE A*        &&显示所有以“A”开头的内存变量
```

5. 删除内存变量

【格式 1】CLEAR MEMORY

【格式 2】RELEASE<内存变量名表>

【格式 3】RELEASE ALL[LIKE<通配符>|EXCEPT<通配符>]

【说明】格式 1 用于清除所有内存变量；格式 2 用于清除指定的内存变量；格式 3 选用 LIKE 短语清除与通配符相匹配的内存变量，选用 EXCEPT 短语清除与通配符不相匹配的内存变量。

例如：

```
RELEASE X1,X2               && 释放内存变量 X1、X2
RELEASE ALL LIKE A*         && 释放所有以 A 开头的内存变量
```

2.2.3 数组变量

数组是内存中连续的一片存储区域，它由一系列元素组成，每个元素相当于一个简单内存变量。

1. 创建数组

【格式 1】DIMENSION <数组名>(<下标上限 1>[,<下标上限 2>])[, …]

【格式 2】DECLARE <数组名>(<下标上限 1>[,<下标上限 2>])[, …]

【功能】创建数组。两种格式的功能相同。数组创建后，系统自动给每个数组元素赋予初值逻辑假（.F.），并且各数组元素数据类型可以不相同。在赋值和输入语句中使用数组名时，表示将同一值同时赋给该数组的全部元素。

【说明】内存变量就像一个盒子，而变量的值就相当于放在盒子里的物品。盒子是固定不变的，而放在盒子里的物品却能更换，即内存变量的类型取决于变量的类型，内存变量的值和类型随赋值的改变而改变，以最后一次赋值为准。

例如，“DIMENSION A(4),B(2，3)”命令定义两个数组：一维数组 A 含 4 个元素，即 A(1)、A(2)、A(3)、A(4)；二维数组 B 含 6 个元素，即 B(1，1)、B(1，2)、B(1，3)、B(2，1)、B(2，2)、B(2，3)。

例如，数组的定义赋值代码如下。

```
DIMENSION  A(2),B(2,2)      &&定义两个数组
A=100                       &&将 A 数组所有元素赋值为 100
```

```
B(1,1)=A(1)                    &&引用A数组的元素给B数组元素赋值
STORE .T. TO B(1,1)            &&给B数组的一个元素重复赋逻辑值
B(1,2)="通化大学"              &&给B数组的一个元素赋字符值"通化大学"
B(2, 1)={^2011/01/05}          &&给B数组的一个元素赋日期值
?A(1)+A(2)                     &&系统主窗口显示：200
?B(2,1), B(2,2)                &&系统主窗口显示：01/05/11    F
```

2. 表中数据与数组数据之间的传递

（1）将表的当前记录复制到数组

【格式1】SCATTER[FIELDS<字段名表>][MEMO]TO<数组名>[BLANK]

【格式2】SCATTER[FIELDS LIKE<通配符>] [FIELDS EXCEPT<通配符>] [MEMO] TO<数组名>[BLANK]

【功能】格式1的功能是将表的当前记录从指定字段表中的第一个字段内容开始，依次复制到数组名中从第一个数组元素开始的内存变量中，如果不使用FIELDS短语指定字段，那么复制除备注和通用型之外的全部字段。格式2的功能是用通配符指定包含或排除的字段。

注意：如果事先没有创建数组，那么系统将自动创建；如果已创建的数组元素个数少于字段数，那么系统自动创建其余数组元素；如果已创建的数组元素个数多于字段数，那么其余数组元素中的值保持不变。

例如，打开表文件"学生表.dbf"，包含5个字段：学号（C,2）、姓名（C,8）、年龄（N,2）、性别（C,2）、院系编号（C,2）。把当前第一条记录复制到数组XS中。

```
USE 学生
SCATTER TO XS
?XS(1),XS(2),XS(3),XS(4),XS(5)
&&主屏显示:s1  徐啸  17  女       2
SCATTER TO AA FIELDS LIKE *号
LIST MEMORY LIKE AA
```

显示结果如下。

```
AA    Pub    A
C  s1
C  2
```

（2）将数组数据复制到表的当前记录

【格式1】GATHER FROM <数组名>[FIELDS<数组名>[FIELDS<字段名表>] MEMO]

【格式2】GATHER FROM <数组名>[FIELDS LIKE<通配符>] [FIEKDS EXCEPT<通配符>] [MEMO]

【说明】格式1的功能是将数组中的数据作为一条记录复制到表的当前记录中，若选用MEMO短语，则复制时包括备注型字段；若省略FIELDS短语，则从第一个元素的数据开

始依次向当前记录的字段中填充内容；若数组元素个数多于记录中的字段个数，则多余部分可忽略。格式 2 的功能是用通配符指定包含或排除的字段。

例如，打开表文件“学生表.dbf”，追加一条空记录，将上例中所得数组 AA 中的内容复制到当前空记录中。

```
USE 学生
APPEND BLANK
GATHER FROM AA
? 学号,姓名,年龄,性别,院系编号
```

显示结果如下。

```
s1  徐啸  17  女   2
```

2.2.4 系统变量

系统内存变量是 Visual FoxPro 自动生成和维护的变量，用于控制 Visual FoxPro 的输出和显示的格式。为区别于一般的内存变量，可在系统内存变量名前面加一条下画线（_）。例如，系统内存变量_DIARYDATE 用于存储当前日期。

2.3 表 达 式

表达式是由常量、变量、函数、运算符构成的运算式，根据参与运算的量的性质，分为算术表达式、字符表达式、日期（日期时间）表达式、关系表达式和逻辑表达式。各种类型的运算符如果出现在同一个表达式中，它们的运算符优先顺序为：算术运算符、字符运算符、关系运算符、日期（日期时间）运算符、逻辑运算符。

2.3.1 算术表达式

参与量：N 型常量、内存及字段变量、函数、数组等。

运算符：＋、－、*、/、%、( )、**或 ^ 。

优先级顺序：括号、乘方、乘除、取模、加减。

结果：N 型值。

例如，计算（1+3^（1+2））/（1+1）的值。

```
?(1+3^(1+2))/(1+1)                &&结果为: 14
```

求余运算（%）与 MOD( )函数功能相同，两数相除，若被除数与除数同号，则正常取余；反之，若被除数与除数异号，则两数相除的余数再加上除数的值。余数的正负号与除数相同。

例如，计算 3%2、3%-2、-3%2 和-3%-2 的值。

```
?3%2,3%-2,-3%2,-3%-2              &&结果为:1   -1    1   -1
```

2.3.2 字符表达式

参与量：C 型常量、内存及字段变量、函数、数组等。

运算符：+、-。

结果：C 型值。

- 运算符 +：两个字符串首尾连接形成一个新的字符串。
- 运算符 -：第一个字符串的尾空格将移到结果串的尾部。

例如，字符串运算：

```
? "程序"+"设计"                      &&结果为：程序设计
? "程序"+"设计"                      &&结果为：程序设计
? "程序"-"设计"                      &&结果为：程序设计
```

2.3.3 日期、日期时间表达式

参与量：算术表达式、日期型常量、内存变量、字段变量和函数。

运算符：+、-（算术运算符）。

结果：D 型＋N 型→D 型，T 型＋N 型→T 型，D 型－N 型→D 型，T 型－N 型→T 型，D 型－D 型→N 型，T 型－T 型→N 型。

例如：

```
? ctod("1/05/11")+10
&&输出结果为01/15/11,      10天后的日期
? ctod("01/15/11")-ctod("01/5/11")
&&输出结果为10,            两个日期相差的天数
```

2.3.4 关系表达式

关系表达式是由关系运算符将两个相同类型的运算对象连接起来的表达式，其最终运算结果为逻辑型数据。

【格式】<表达式 1> <关系运算符> <表达式 2>

常用关系运算符如表 2-1 所示。

表 2-1　常用关系运算符

普通运算符	说　明	特殊运算符	说　明
<	小于	<>、#、!=	不等于
>	大于	==	字符串精确比较
=	等于	$	子串包含测试
<=	小于等于		
>=	大于等于		

注：==和$只适合连接字符型数据，其他运算符适合连接任意类型的数据。

1）数值型数据比较。

```
?1<2 ,-2>-1                        &&结果为.T.   .F.
```

2）逻辑型数据比较（逻辑真永远大于逻辑假）。

```
?.T.>.F.                           &&结果为.T.
```

3）日期型数据比较（晚的日期或时间大）。

```
?{^2011-01-05}>{^2010-01-05}       &&结果为.T.
```

4）子串包含测试（若运算符$的左侧是右侧的一个子串，则结果为逻辑真）。

```
?"计算机"$"计算机应用"              &&结果为.T.
?"计算机应用"$"计算机"              &&结果为.F.
```

5）字符串双精确比较（若运算符“==”的左、右字符串完全相同，则结果为逻辑真）。

```
? "VF"=="VF"                       &&结果为.T.
? "VF"=="V F"                      &&结果为.F.
```

6）字符串单精确比较（使用运算符“=”比较两个字符串时，其结果与 SET EXACT ON/OFF 有关，该命令在“工具/选项”命令中可设置。系统默认为 OFF 状态）。

SET EXACT OFF：运算符“=”右字符串与左字符串前面部分内容匹配，结果为.T.。

```
? "VF"="VF"                        &&结果为.T.
? "VF"="VF"                        &&结果为.F.
```

SET EXACT ON：使用运算符“=”比较两个字符串时，先在较短字符串尾部加若干空格符，使运算符“=”左、右两侧长度相等，然后再比较。

```
? "VF"="VF"                        &&结果为.T.
? "VF"="VF"                        &&结果为.F.
```

2.3.5　逻辑表达式

逻辑表达式是用于判断真假的表达式，运算结果为逻辑型数据，通常由逻辑运算符将两个逻辑型数据连接起来。

逻辑型运算符有三个：逻辑非（.NOT.）、逻辑与（.AND.）、逻辑或（.OR.），三者优先级为.NOT.、.AND.、.OR.。

例如：

```
?.T.AND.T. , .F.AND.F.                  &&结果为.T.  .F.
?.T.OR.T. ,  .F.OR.F.                   &&结果为.T.  .F.
?.T.AND.F.,  .T.OR.F.                   &&结果为.F.  .T.
?not .t. and 3<2 or 21-3>2 and 3^2>6    &&结果为.T.
```

注意：可视 F 为 0，T 为 1。

2.4 常用函数

函数是一个预先编制好的计算模块，方便程序在任意位置调用。

【格式】：函数名([参数])

2.4.1 数值函数

（1）绝对值函数

【格式】ABS(<数值表达式>)

【功能】返回表达式的绝对值。

例如：

```
?ABS(-5)              &&结果为：5
```

（2）平方根函数

【格式】SQRT(<数值表达式>)

【功能】返回表达式的平方根值。

例如：

```
?SQRT(4)              &&结果为：2
```

注意：表达式不能为负。

（3）圆周率函数

【格式】PI( )

【功能】返回圆周率π的值。

例如：

```
?PI()                 &&结果为：3.14
```

注意：该函数没有自变量。

（4）四舍五入函数

【格式】ROUND (<数值型表达式>,<保留小数的位数>)

【功能】返回数值表达式的四舍五入值。

例如：

```
?ROUND(3.456,2)       &&结果为：3.46
```

（5）最大/最小值函数

【格式】MAX(<数值型表达式 1>,<数值型表达式 2>,…,<数值型表达式 n>)

【功能】计算 n 个数值型表达式的值，取其中最大者。

【格式】MIN(<数值型表达式 1>,<数值型表达式 2>…<数值型表达式 n>)

【功能】计算 n 个数值型表达式的值，取其中最小者。

例如：

```
?MAX(1,2,3),MIN(1,2,3)            &&结果为: 3  1
```

（6）求整数函数

【格式】INT(<数值表达式>)

【功能】返回表达式的整数部分。

【格式】FLOOR(<数值表达式>)

【功能】返回小于或等于表达式的最大整数。

【格式】CEILING(<数值表达式>)

【功能】返回大于或等于表达式的最小整数。

例如：

```
A=2.7
?INT(A),FLOOR(A),CEILING(A)       &&结果为: 2  2  3
```

（7）求余数函数

【格式】MOD(<数值表达式 1>, <数值表达式 2>)

【功能】余数的正负号与数值表达式 2 相同。当两个表达式为同号时，函数值为数值表达式 1 除以数值表达式 2 得到的余数；当两个表达式为异号时，函数值为数值表达式 1 除以数值表达式 2 得到的余数再加上数值表达式 2 的值。

2.4.2　字符函数

（1）求字符串长度函数

【格式】LEN(<字符表达式>)

【功能】返回表达式值的长度，即所含字符个数。

例如：

```
?LEN("HELLO 通师")                &&结果为: 9
```

（2）生成空格字符串函数

【格式】SPACE(<数值表达式>)

【功能】返回由表达式指定的空格数。

例如：

```
? "中"+ SPACE(2)+ "国"            &&结果为: 中  国
```

（3）删除前后空格函数

【格式】TRIM(<字符表达式>)

【功能】去掉表达式尾部空格，生成新字符串。

【格式】LTRIM(<字符表达式>)

【功能】去掉表达式前导空格，生成新字符串。

【格式】ALLTRIM(<字符表达式>)

【功能】去掉表达式前导和尾部空格，生成新字符串。

例如：

```
A=SPACE(2)+"传奇"+SPACE(3)
?TRIM(A),LTRIM(A), ALLTRIM(A)                        &&结果为：传奇  传奇  传奇
?LEN (TRIM(A)), LEN(LTRIM(A)),LEN(ALLTRIM(A))        &&结果为：6 7 4
```

（4）取子串函数

【格式】LEFT(<字符表达式>, <长度>)

【功能】返回从<字符表达式>最左边开始，取一个指定长度的子串作为新字符串。

【格式】RIGHT(<字符表达式>, <长度>)

【功能】返回从<字符表达式>最右边开始，取一个指定长度的子串作为新字符串。

【格式】SUBSTR(<字符型表达式>, <起始位置>[, <长度>])

【功能】从起始位置起，截取指定长度字符形成子串。若省略长度，则一直取到串尾。

例如：

```
A="VISUAL FOXPRO"
?LEFT(A,6),  RIGHT(A,6),SUBSTR(A,8,3)     &&结果为：VISUAL  FOXPRO  FOX
```

（5）计算子串出现次数函数

【格式】OCCURS(<字符表达式 1>, <字符表达式 2>)

【功能】返回表达式 1 在表达式 2 中出现的次数。

例如：

```
A="GOOD"
?OCCURS("G", A), OCCURS("O", A), OCCURS("E", A) &&结果为：1  2  0
```

（6）求子串位置函数

【格式】AT(<字符表达式 1>, <字符表达式 2> [, <数值表达式>])

【功能】查找字符表达式 1 在字符表达式 2 中的位置，返回值为数值型。如有数值型表达式 n，则返回字符表达式 1 在字符表达式 2 中第 n 次出现的起始位置；如果字符表达式 1 不在字符表达式 2 中，返回值为 0。

【格式】ATC(<字符表达式 1>, <字符表达式 2> [, <数值表达式>])

【功能】与函数 AT( )功能相似，进行字符串比较时字母不区分大小写。

例如：

```
? AT ("n", "Internet")              &&结果为：2
? AT ("n", "Internet", 2)           &&结果为：6
? ATC ("N", "Internet")             &&结果为：2
```

（7）字符串替换函数

【格式】STUFF(<字符表达式 1>,<起始位置>,<长度>,<字符表达式 2>)

【功能】从指定位置开始，用字符表达式 2 替换字符表达式 1 中由起始位置和长度指定的字符。替换和被替换的字符个数不一定相等。若长度为 0，则直接插入。若字符表达式 2 为空字符串，则删除字符表达式 1 中指定的字符。

例如：

```
A="神马都是浮云"
```

```
B="一切"
?STUFF(A,1,4,B)                        &&结果为：一切都是浮云
```

（8）字符替换函数

【格式】CHRTRAN(<字符表达式 1>,<字符表达式 2>,<字符表达式 3>)

【功能】若字符表达式 1 中的一个或多个字符在字符表达式 2 中能够找到相匹配的字符，则用字符表达式 3 中与字符表达式 2 中同一位置上的字符替换字符表达式 1 中的字符。若字符表达式 3 中的字符个数少于字符表达式 2 中的字符个数，因缺少对应字符，则字符表达式 1 中相匹配的各字符将被删除，反之字符表达式 3 中多余字符将被忽略。

例如：

```
?CHRTRAN("ABACAD","BCD","XYZ")                     &&结果为：AXAYAZ
?CHRTRAN("物理学专家","物理学","电路")             &&结果为：电路专家
?CHRTRAN("计算快","计算机","飞机中的战斗机")       &&结果为：飞机快
```

2.4.3　转换函数

1. 大小写转换函数

【格式】LOWER(<字符表达式>)

【功能】把表达式中的大写字母转换成小写字母，其他字符不变。

【格式】UPPER(<字符表达式>)

【功能】把表达式中的小写字母转换成大写字母，其他字符不变。

例如：

```
A="VISUAL foxpro"
? LOWER(A),UPPER(A)          &&结果为：visual foxpro  VISUAL FOXPRO
```

2. 字符串转日期函数

【格式】CTOD(<字符型表达式>)

【功能】将日期形式的字符串转换为日期型数据，返回值为日期型。

例如：

```
? CTOD("01/05/2011")         &&结果为：01/01/2011
```

3. 日期转字符串函数

【格式】DTOC(<日期型表达式>|<日期时间型表达式>[, 1])

【功能】返回对应日期型表达式或日期时间型表达式的字符串，返回值为字符型。如有可选项[, 1]，则以年月日的格式输出。

例如：

```
A=CTOD("01/05/2011")         && A 为日期型
? DTOC(A)                    &&结果为：01/05/2011 （字符型）
```

```
? DTOC(A,1)                    &&结果为: 20110501 (字符型)
```

4. 数值转字符串函数

【格式】STR(<数值表达式 1>[, <长度> [, <小数位数>]])

【功能】将数值表达式代表的实际数值转换为字符串，返回值为字符型数据，转换时根据需要自动进行四舍五入。这里假设一个返回的理想长度 L，它是由数值表达式值的整数部分位数加上小数位数的值，再加上 1 位小数点所占位数组成的。下面分为三种情况：第一种情况，若长度值大于理想长度 L，则字符串加前导空格以满足规定的长度要求；第二种情况，若长度值大于等于数值表达式值的整数部分位数（包括负号）但又小于理想长度 L，则优先满足整数部分而正动调整小数位数；第三种情况，若长度值小于数值表达式值的整数部分位数，则返回一串星号（*）。小数位数的默认值为 0，长度的默认值为 10。

例如：

```
? STR(123.4,6, 2), STR(123.47,5, 2), STR(123.47,2, 2)
&&结果为: 123.40     123.5     ****
```

5. 字符串转数值型函数

【格式】VAL(<字符型表达式>)

【功能】将数字字符串转换为数值型数据，返回值为数值型。转换时，遇到第一个非数字字符时停止。

例如：

```
? VAL("911日"), VAL("GB2312-80")   &&结果为: 911.00        0.00
```

6. 宏替换函数

【格式】&<字符型内存变量>[.<字符型表达式>]

【功能】在字符型内存变量前使用宏替换函数符号&，将该内存变量的值替换&和内存变量名。如后面紧接有其他字符表达式，应加句点（.）进行分隔。

例如：

```
aa='DBMS'
bb='aa'
? aa, bb, &bb
&&结果为: DBMS  aa  DBMS
a1='+5*8'
a2='5&a1./5'
? &a2
&&结果为: 13
```

2.4.4 日期和时间函数

1. 系统当前日期和时间函数

【格式】DATE( )

【功能】返回系统当前日期，返回值为日期型，默认格式为 MM/DD/YY。

【格式】TIME( )

【功能】返回系统当前时间，返回值为字符型，默认格式为 HH:MM:SS。

【格式】DATETIME( )

【功能】返回系统当前日期时间，返回值为日期时间型。

2. 年份、月份、天数函数

【格式】YEAR(<日期型表达式|<日期时间型表达式>)

【功能】返回参数的年份值，数据类型为数值型。

【格式】MONTH(<日期型表达式|<日期时间型表达式>)

【功能】返回参数的月份值，数据类型为数值型。

【格式】DAY(<日期型表达式|<日期时间型表达式>)

【功能】返回参数的日期值，数据类型为数值型。

2.4.5 测试函数

1. 简单测试函数

（1）空值测试函数

【格式】ISNULL(<表达式>)

【功能】判断表达式的结果是否为 NULL 值，若是，则返回逻辑真（.T.），否则返回逻辑假（.F.）。

例如：

```
A=NULL
? A,ISNULL（A）                    &&结果为：NULL    .T.
```

（2）条件测试函数

【格式】IIF(<逻辑表达式>, <表达式 1>, <表达式 2>)

【功能】若逻辑表达式的值为真（.T.），则返回表达式 1 的值，否则返回表达式 2 的值。

例如：

```
A=10
B=20
?IIF（A>B,A-B,B-A）
```

（3）值域测试函数

【格式】BETWEEN(<表达式 1>, <表达式 2>, <表达式 3>)

【功能】判断表达式 1 的值是否介于表达式 2 与表达式 3 之间，若是，则函数值为逻辑真（.T.），否则为逻辑假（.F.）。当表达式 2 或表达式 3 有一个是 NULL 值时，函数返回值为 NULL。

例如：

```
?BETWEEN (2,1,3) ,BETWEEN (10,NULL,20)        &&结果为: .T.  NULL
```

（4）数据类型测试函数

【格式】VARTYPE(<表达式>, [(逻辑表达式)])

【功能】测试表达式的数据类型，返回一个表示数据类型的大写字母。字母含义如表 2-2 所示。函数返回值为字符型。未定义或错误的表达式返回字母 U。若表达式是一个数组，则返回第一个数组元素的类型字母。若表达式的运算结果是 NULL 值，当逻辑表达式为.T.，则返回表达式的原数据类型；当逻辑表达式为.F. 或省略，则返回 X，表明表达式的运算结果是 NULL 值。

表 2-2　返回字母的数据类型

返回字母	数据类型	返回字母	数据类型
C	字符型或备注型	G	通用型
N	数值、整型、浮点或双精度型	D	日期型
Y	货币型	T	日期时间型
L	逻辑型	X	NULL 值
O	对象型	U	未定义

例如：

```
A=DATE()
A=Null
?VARTYPE($123), VARTYPE([FoxPro]), VARTYPE(A,.T.), VARTYPE(A)
&&结果为: Y C D X
```

【格式】TYPE（<字符型表达式>）

【功能】测试表达式的数据类型与函数 VARTPYE( )相同，二者不同之处是其参数不论为何种类型，必须加字符型定界符（"、""或[ ]）。

例如：

```
? TYPE($123)                         &&弹出对话框，提示函数参数的值、类型或数目无效
? TYPE("$123"), TYPE(["FoxPro"])     &&结果为: Y  C
? TYPE('DATE()')
```

2. 表中记录测试函数

检测表中记录时，一定要了解表文件的逻辑结构，如图 2-1 所示。

首记录记为 TOP，尾记录记为 BOTTOM。在首记录前有一个文件起始标识 BOF（beginning of file），在尾记录后有一个文件结束标识 EOF（end of file）。使用记录测试函数可知指针的位置。刚打开表时，记录指针总指向首记录。

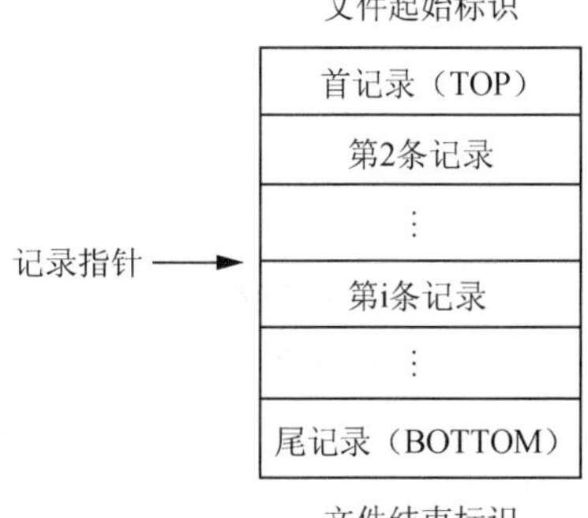

图 2-1　表文件逻辑结构

（1）文件起始位置测试函数

【格式】BOF([<工作区号或别名>])

【功能】测试当前或指定工作区中数据表的记录指针是否指向第一条记录之前，即是否指向文件起始标识。返回值为逻辑型。

（2）文件结束测试函数

【格式】EOF([<工作区号或别名>])

【功能】测试当前或指定工作区中数据表的记录指针是否指向最后一条记录之后，即是否指向文件结束标识。若是，则返回逻辑真（.T.），否则返回逻辑假（.F.）。

（3）当前记录号测试函数

【格式】RECNO([<工作区号或别名>])

【功能】测试当前或指定工作区中数据表的当前记录号，即记录指针当前指向的记录号。返回值为数值型。

（4）记录个数测试函数

【格式】RECCOUNT([<工作区号或别名>])

【功能】测试当前或指定工作区中数据表的记录个数，包含已做逻辑删除的记录。返回值为数值型。

（5）查询结果测试函数

【格式】FOUND([<工作区号或别名>])

【功能】在执行命令 LOCATE/CONTINUE、FIND、SEEK 后测试是否成功，返回值为逻辑型。

例如：

```
USE 学生                        &&使用学生表
?RECCOUNT()                     &&显示表中记录个数 8
GO TOP                          &&指针指向首记录
?RECNO()                        &&结果为 1
?BOF()                          &&结果为.F.
SKIP -1                         &&指针向上移动一个位置
?RECNO()                        &&结果为 1
```

```
?BOF()                          &&结果为.T.
GO BOTTOM                       &&指针指向尾记录
?RECNO()                        &&结果为8
?EOF()                          &&结果为.F.
SKIP                            &&指针向上移动一个位置
?RECNO()                        &&结果为9
?EOF()                          &&结果为.T.
GO TOP                          &&指针指向首记录
LOCATE FOR 性别="男"            &&查询表中的男学生
?FOUND()                        &&结果为.T.，指针指向表中第一个男学生
?RECNO()                        &&结果为2
```

习　题　2

一、选择题

1．逻辑运算“0与1与1与1”等于（　　）。

A．2　　B．1　　C．0　　D．3

2．F. AND .F. OR .T.等于（　　）。

A．.F.　　B．0　　C．.T.　　D．1

3．以下日期值正确的是（　　）。

A．{'2011-01-05'}　　B．{2011-01-05}

C．{^2011-01-05}　　D．{2011-1-5}

4．函数CHR(65)的值为（　　）。

A．".T. "　　B．".F. "　　C．"A"　　D．"65"

5．表达式"123"+"321"的值为（　　）。

A．456　　B．444　　C．123321　　D．"123321"

6．计算表达式1-8>7.OR. "a"+"b"$"123abc123"的值时，运算顺序为（　　）。

A．->.OR.+$　　B．OR.－+$>　　C．-.OR.$+>　　D．+$->.OR.

7．表达式{^2007/03/289:18:40}-{^2007/03/28 9:15:20}的运算结果类型为（　　）。

A．字符型　　B．数值型　　C．日期型　　D．逻辑型

8．下面为常量的数据是（　　）。

A．[ab]　　B．x=3　　C．T　　D．F

9．关系运算符“#”代表（　　）。

A．近似等于　　B．完全等于　　C．精等于　　D．不等于

10．在SET EXACT OFF的情况下，命令"ABC"= ="AB"显示的结果是（　　）。

A．.F.　　B．.T.　　C．"真"　　D．"假"

11．假定X为N型变量，Y为C型变量，则下列选项中符合Visual FoxPro语法要求的表达式是（　　）。

A．NOT.X>=Y　　B．Y～2>10　　C．X.001　　D．STR（X）-Y

12．下列严格日期书写格式正确的一项是（　　）。

A．{2002-06-27}　B．{06/27/02}　C．{^2002-06-27}　D．{^02-06-27}

13．下列常量中，只占用内存空间 1 个字节的是（　　）。

A．数值型常量　B．字符型常量　C．日期型常量　D．逻辑型常量

14．5E+9 是一个（　　）。

A．内存变量　B．字符常量　C．数值常量　D．非法表达式

15．字符型常量的定界符不包括（　　）。

A．单引号　B．双引号　C．花括号　D．方括号

16．打开数据表文件后，当前记录指针指向 100，要使指针指向记录号为 20 的记录，应使用（　　）命令。

A．LOCATE　20　B．29465　C．GO　20　D．SKIP　80

17．执行语句 DIMENSION M(3),N(2,3)后，数组 M 和 N 的元素个数分别为（　　）。

A．1 个和 2 个　B．3 个和 6 个　C．3 个和 5 个　D．4 个和 12 个

18．下列字段名中合法的是（　　）。

A．编□号　B．1U　C．_产品号　D．生产_日期

19．在 Visual FoxPro 中，逻辑非可以用（　　）表示。

A．.OR　B．.AND.　C．.F.　D．!

20．一个日期型数据与一个正整数相加，其结果将是（　　）。

A．一个新的日期　B．数据类型不匹配

C．数值型　D．字符型

21．Visual FoxPro 在进行字符型数据的比较时，有“模糊”和“完全”两种比较方式，系统默认的是（　　）比较方式。

A．完全　B．精确比较　C．不能比较　D．模糊

22．函数 INT(数值表达式)的功能是（　　）。

A．按四舍五入取数值表达式值的整数部分

B．返回数值表达式值的整数部分

C．返回不大于数值表达式的最大整数

D．返回不小于数值表达式值的最小整数

23．假定 X 为 N 型变量，Y 为 C 型变量，则下列选项中符合 FoxPro 语法要求的表达式是（　　）。

A．NOT.X>=Y　B．Yˇ2>10　C．X.001　D．STR(X)-Y

24．Visual FoxPro 不支持的数据类型有（　　）。

A．字符型　B．货币型　C．备注型　D．常量型

25．表达式 3*4^2-5/10+2^3 的值为（　　）。

A．55　B．55.5　C．65.5　D．0

26．在 SET EXACT OFF 的情况下，命令?"FO"="FOX"显示的结果是（　　）。

A．.T.　B．.F.　C．错误信息　D．以上都不对

27．已知学生表中有 38 条记录，当函数 BOF( )的值为.T.时，执行“RECNO( )”命令的

显示结果是（　　）。

A．0　　B．38　　C．39　　D．1

28．下列说法中正确的是（　　）。

A．在 Visual FoxPro 中使用一个普通变量之前要先声明或定义

B．在 Visual FoxPro 中数组的各个元素的数据类型可以不同

C．定义数组以后，系统为数组的每个数组元素赋以数值 0

D．数组的下标下限是 0

29．日期型常量的定界符是（　　）。

A．单引号　　B．花括号　　C．方括号　　D．双引号

30．下列函数中，其值不为数值型的是（　　）。

A．LEN( )　　B．DATE( )　　C．SQRT( )　　D．SIGN( )

31．下列四个表达式中，其结果为真的是（　　）。

A．"BEI" $ "BEIJING"　　B．"BEIJING" $ "BEI"

C．"BEFORE" $ "BEE"　　D．"BFE" $ "BEFORE"

32．使用 LEN( )函数测长度时，一个汉字的长度为（　　）。

A．1　　B．2　　C．3　　D．4

33．使用 ALLTRIM( )函数可以删除所给表达式的（　　）。

A．前导空格　　B．尾部空格　　C．前后空格　　D．所有空格

34．在 Visual FoxPro 中，求余运算和（　　）函数作用相同。

A．MOD( )　　B．ROUND( )　　C．PI( )　　D．SORT( )

35．数据表中有 30 条记录，如果当前记录为第一条记录，把记录指针移到最后一个，测试当前记录号函数 RECNO( )的值是（　　）。

A．31　　B．30　　C．29　　D．28

二、填空题

1．LEN(SPACE(2)+"旗开得胜"+SPACE(3))=________。

2．函数 TIME( )的返回值为________型。

3．?RIGHT("GO HOME",4)的结果是________。

4．?MOD(5,-2)的结果是________。

5．?ROUND(789.123456,4)的结果为________。

6．表达式 3*4^2-5/10+2^3 的值为________。

7．若 X=10，则函数 IIF(X>0,1,0)的值为________。

8．SUBSTR("WELCOME",4,1)的值为________。

9．逻辑运算符的优先级顺序依次为________、________、________。

10．?LOWER("ABCDEF123") 的值为________。

第 3 章　Visual FoxPro 表与数据库操作

本章主要介绍表的建立和修改，数据库和数据库表的建立和基本操作，索引的概念、作用及基本操作，数据库中建立表间的永久关系和设置参照完整性操作，数据的查询、统计与汇总的基本操作，工作区的作用及简单的多表操作等。

3.1　表的建立与修改

在 Visual FoxPro 中，表是处理数据、创建关系的数据库的基本单元。Visual FoxPro 有两种类型的表：数据库表和自由表。其中，数据库表是数据库的组成部分，自由表是独立于数据库的表。下面讨论建立自由表的方法。

3.1.1　表结构的建立

我们会将现实生活的信息抽象到表格里，Visual FoxPro 采用关系数据模型，可以方便地将表存储到计算机的存储器中。建表时，表格的标题栏的列标题将成为表的字段，表中的每一行称为表的一个记录，也就是说表由结构和数据两个部分构成。建立表结构就是定义各个字段的属性，基本的字段属性包括字段名、类型、宽度和小数位数等。

创建表结构的方式有菜单方式和命令方式两种。

1. 菜单方式

在菜单栏中选择“文件/新建”命令，弹出“新建”对话框，在对话框中点选“表”单选按钮，如图 3-1 所示，新建文件，输入表名（如学生），弹出表设计器，如图 3-2 所示。 在表设计器中输入各字段的字段名、类型、宽度及小数位数等。

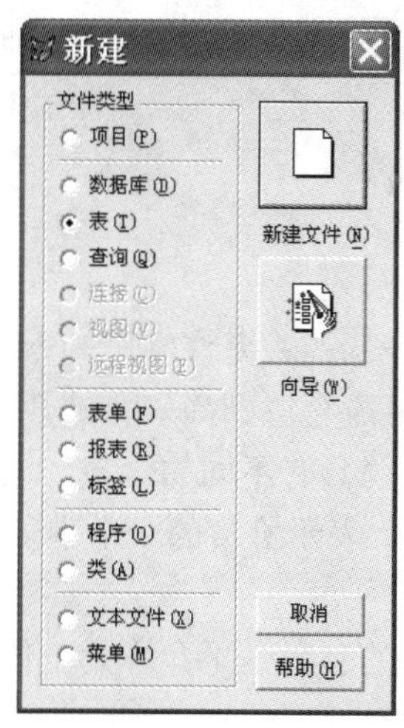

图 3-1　“新建”对话框

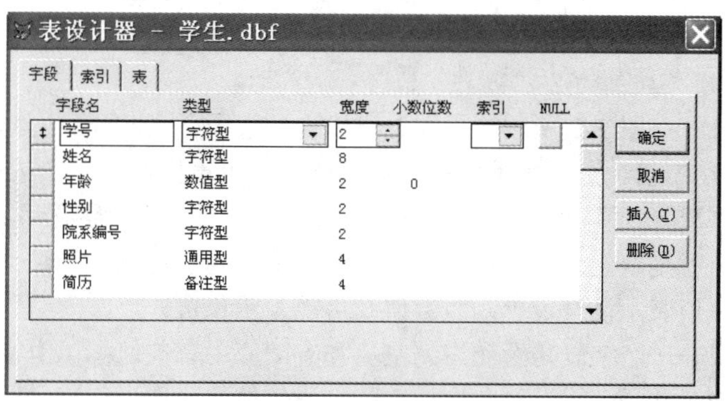

图 3-2　表设计器

下面介绍表设计器中涉及的一些基本内容和概念。

（1）字段名

字段名即关系的属性名或表的列名，它必须以字母或汉字开头，由字母、汉字、数字和下画线组成，不能包含空格。自由表的字段名最长为 10 个字符，数据库表字段名最长为 128 个字符。

（2）字段类型和宽度

字段的数据类型决定存储在字段中的值的数据类型，相同的数据类型通过宽度限制可以决定存储的数据的数量或精度。

这里可以选择的数据类型如下。

- 字符型：可以是字母、数字等各种字符型文本，如姓名等。
- 货币型：货币单位，如商品的价格等。
- 数值型：整数或小数，如订货的数量、产品的单价、成绩等。需要注意的是，数值型数据，负号和小数点需要占位。例如，一个数值型数据字段的宽度为 6，小数位为 2，则该字段所能存放的最小数值是-99.99。
- 浮点型：类似于数值型，其长度在表中最长可达 20 位。
- 日期型：由年、月、日构成的数据类型，如订货日期、出生日期、入职日期等。日期型数据在表中占 8 个字节。
- 日期时间型：由年、用、日、时、分、秒构成的数据类型，如员工的上班时间等。日期时间型数据在表中占 8 个字节。
- 双精度型：一般用于精度要求很高的数据。双精度型数据在表中占 8 个字节。
- 整型：不带小数点的数值类型，如订单的行数、年龄等。整型数据在表中占 4 个字节。
- 逻辑型：值为“真”（.T.）或“假”（.F.），如表示订单是否已执行完。逻辑型数据在表中占 1 个字节。
- 备注型：不定长的字符型文本，如用于存放个人简历等。备注型数据在表中占 4 个字节。所保存的数据信息存储在以.fpt 为扩展名的文件中。
- 通用型：用于标记电子表格、文档、图片等 OLE 对象（对象链接与嵌入），如用于存放 Excel 电子表格等。通用型数据在表中占 4 个字节。所保存的数据信息存储在以.fpt 为扩展名的文件中。
- 字符型（二进制）：同字符型，但是当代码页更改时字符值不变。
- 备注型（二进制）：同备注型，但是当代码页更改时备注不变。

（3）空值

在图 3-2 所示的界面上可以看到字段有“NULL”选项，它表示是否允许字段为 NULL（空）值。空值也是关系数据库中的一个重要概念。在数据库中可能会遇到尚未存储数据的字段，即不确定的值，这时的空值与空（或空白）字符串、数值 0 等具有不同的含义。NULL 值就是缺值或不确定值，不能把它理解为任何意义的数据。例如，表示价格的一个字段值，空值表示没有定价，而数值 0 可能表示免费。

一个字段是否允许为空值与实际应用有关。例如，作为关键字的字段是不允许为空值的，而那些插入记录时允许暂缺的字段值往往允许为空值。

2. 命令方式

【格式】CREATE [<表名>]
【功能】创建指定的表的结构。
【说明】

1）若省略表文件名，则弹出“创建”对话框，让用户输入表文件名；若不省略，则直接弹出表设计器。

2）扩展名.dbf可省略，系统会自动加上。

3）弹出表设计器后的操作同菜单方式。例如：

```
CREATE 学生      &&创建学生.dbf表的结构
```

4）在创建好表结构后，单击“确定”按钮，会弹出一个对话框：“现在输入数据记录吗？”，单击“是”按钮，立即输入数据记录；单击“否”按钮，则以后再打开表输入。

无论采用哪种方式，要特别注意的是，文件建立在哪个目录中，即当前的文件夹是什么。用下列方法可确定默认目录：

在菜单栏中选择“工具”命令，弹出“选项”对话框，选择文件位置，选中使用默认目录，输入默认目录的路径后，单击“确定”按钮即可。

3.1.2 表数据的输入

表数据可以通过记录编辑窗口按记录逐个字段输入。在最后一个记录的任何位置上输入数据，Visual FoxPro即自动提供下一记录的输入位置。

逻辑型字段只能接受T、Y、F、N这四个字母之一（大小写都可以）。T和Y同义，若输入Y也显示T，表示真值。F和N同义，若输入N也显示F，表示假值。

日期型数据必须与日期格式相符，默认按美国日期格式mm/dd/yy输入。

当光标停止在备注型或通用型字段的memo或gen区内时，若不想输入数据可以按Enter键跳过；若要输入数据，按Ctrl+PgDn组合键或双击都能打开相应的字段编辑窗口，如图3-3所示。某记录的备注型或通用型字段非空时，其字段标志首字母大写显示，即显示为Memo或Gen。按Ctrl+W组合键或单击标题栏的“关闭”按钮退出编辑，并可将数据存盘。

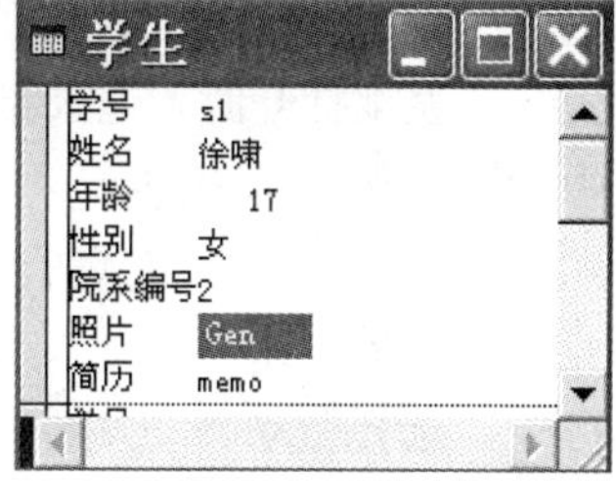

图3-3 记录编辑窗口

通用型字段数据的输入：在表的通用字段里，用户可以添加图像、声音及所有可以插入的OLE对象。要想向表设计器中设置的通用字段区内添加OLE对象，可以按照以下操作步骤进行：

1）打开学生表，双击第一条记录的照片字段的“gen”字段栏或将光标移到“gen”字段栏按Ctrl+PgDn组合键。

2）此时，Visual FoxPro将弹出一个空白的编辑框，需要注意的是，在其中不能添加文本字符。

3）在菜单栏中选择“编辑/插入对象”命令，将弹出如图3-4所示的“插入对象”对话框，要求用户确定需要输入的OLE对象。

4）点选“由文件创建”单选按钮，并键入相应的对象文件名，如图像文件。用户可以通过单击“浏览”按钮在弹出的“打开”对话框中确定所需文件的位置和名称。

5）单击“确定”按钮，完成 OLE 对象的插入。

此时用户可以发现，原来的通用字段标志“gen”中的字母“g”变成大写，即为“Gen”，表明通用字段的内容为非空。如果希望删除通用字段中的内容，可以在菜单栏中选择“编辑/清除”命令，Visual FoxPro 将把通用字段重新设置为空。

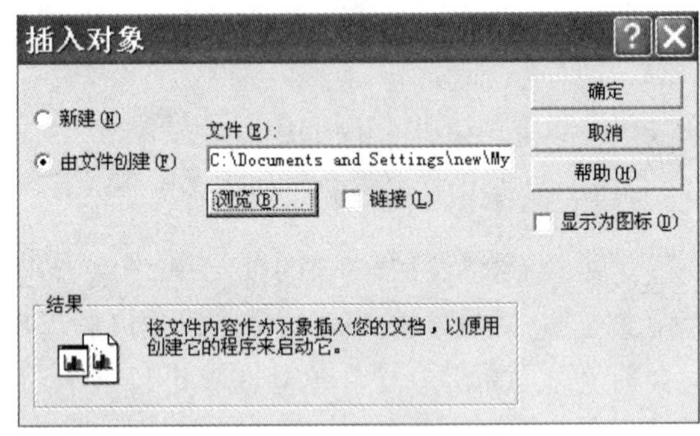

图 3-4 “插入对象”对话框

3.1.3 表文件的打开与关闭

1. 表的打开

要对表进行操作，必须首先打开表。在 Visual FoxPro 中，打开表的方法有两种：其一是命令方式，其二是菜单方式。

（1）采用命令方式打开表

【格式】USE <表文件名> [Exclusive/Shared]

【说明】[Exclusive/Shared]指出表的打开方式。Exclusive 为独占方式，打开表后，能对表的结构进行修改。Shared 为共享方式，以共享方式打开表，不能对表的结构进行修改。表打开时，若该表有备注型或通用型字段，则自动打开同名的 FPT 文件。打开一个表时，该工作区中原来打开的表自动关闭。已打开的表总有一个记录指针，指针所指的记录称为当前记录。表刚打开时，记录指针指向第一个记录。表操作结束后应该及时关闭它，以便将内存中的数据保存到表中。

（2）采用菜单方式打开表

在菜单栏中选择“文件/打开”命令或单击工具栏中的“打开”图标，在“打开”对话框中，选择驱动器与文件夹，选择表（.dbf）文件类型，再选择要打开的表文件名及打开文件的方式（独占、共享），单击“确定”按钮。

2. 表的关闭

为防止数据遭到意外的破坏，表操作完后，应关闭表。

（1）命令方式

【格式 1】Use

【功能】关闭……

【格式 2】Close All

【功能】关闭所有的文件，……

……

【格式 1】USE

【功能】关闭当前表，注意没有表名。

【格式 2】Close All

【功能】关闭所有的文件，包括所有打开的表、数据库、表单设计器、查询设计器、报表设计器和项目管理器。

【格式 3】Close Tables[All]

【功能】关闭当前数据库中所有的表，但不关闭数据库。若无打开的数据库，则关闭所有自由表。带有 All 则关闭数据库中的所有表，包括数据库表和自由表，但不关闭数据库。

（2）菜单方式

在菜单栏中选择“文件/关闭”命令可以关闭表。

3.1.4 表结构的修改

修改表结构有两种方式，第一种是通过菜单的方式修改表结构，前提是数据库表必须处于打开的状态，在菜单栏中选择“显示”命令，选择表设计器，即可打开表设计器。第二种是使用 MODIFY STRUCTURE 命令打开表设计器（注意，MODIFY STRUCTURE 命令没有参数，它的功能是修改当前表的结构）。表必须处于打开状态，如果没有打开表，使用 USE 命令打开表。修改表结构和建立表时的表设计器界面完全相同。

（1）修改已有的字段

用户可以直接修改字段的名称、类型和宽度。

（2）增加新字段

若要在原有的字段后增加新的字段，则直接将光标定位在最后，然后输入新的字段名，定义数据类型和宽度。

如果要在原有的字段中间插入新字段，则首先将光标定位在要插入新字段的位置，然后单击“插入”按钮，这时会插入一个新字段，然后输入新的字段名，定义数据类型和宽度。

（3）删除不用的字段

若要删除某个字段，则首先将光标定位在要删除的字段上，然后单击“删除”按钮。

3.1.5 显示表结构

显示表结构的命令如下：

【格式】LIST STRUCTURE
　　　　DISPLAY STRUCTURE

【功能】显示当前表的结构。在显示之前，表要打开。

【说明】LIST STRUCTURE 为连续显示表结构。DISPLAY STRUCTURE 为分屏显示表结构。

例如：

```
USE 学生
DISP  STRU
```

3.2 数据库和数据库表的建立

3.2.1 建立数据库

在建立 Visual FoxPro 数据库时，相应的数据库文件扩展名为.dbc，与之相关的还会自动建立一个扩展名为.dct 的数据库备注（memo）文件和一个扩展名为.dcx 的数据库索引文件，即建立数据库后，用户可以在磁盘上看到文件名相同，但扩展名不同的三个文件。这三个文件是供 Visual FoxPro 数据库管理系统使用的，用户一般不能直接使用这些文件。

常用的建立数据库的方法有三种：在项目管理器中建立数据库，通过“新建”对话框建立数据库和使用命令交互建立数据库。

1. 在项目管理器中建立数据库

打开已建立的项目文件，同时弹出项目管理器对话框，在“数据”选项卡中选择“数据库”选项，如图 3-5 所示，然后单击“新建”按钮，弹出“新建数据库”对话框，单击“新建数据库”按钮，弹出“新建”对话框，选择数据库的路径并输入数据库名后单击“保存”按钮，完成数据库的建立，并打开该数据库设计器。

2. 通过“新建”对话框建立数据库

单击工具栏上的“新建”按钮或者在菜单栏中选择“文件/新建”命令，弹出如图 3-6 所示的“新建”对话框，在“文件类型”选项组中点选“数据库”单选按钮，然后单击“新建文件”按钮，弹出“创建”对话框，输入数据库名称，单击“保存”按钮。

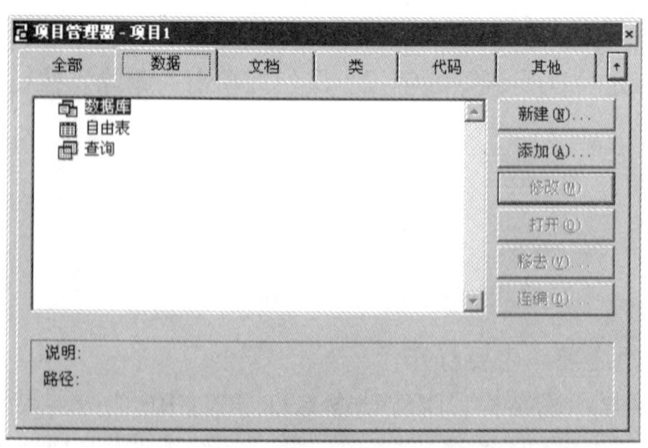

图 3-5 “项目管理器”窗口

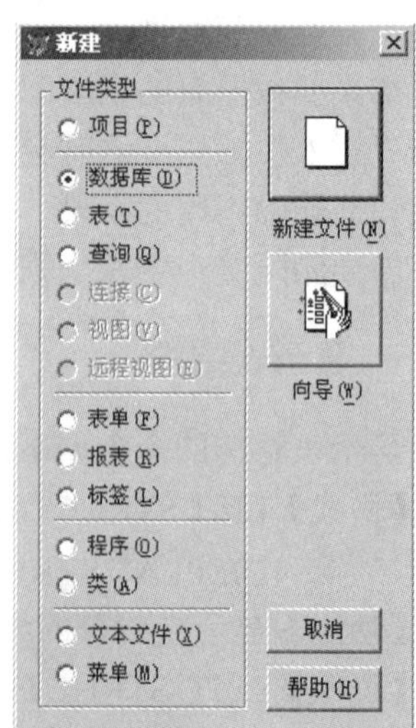

图 3-6 “新建”对话框

3. 使用命令交互建立数据库

在命令窗口输入建立数据库的命令也可以创建一个数据库，建立数据库的命令如下。

```
CREATE  DATABASE  [DatabaseName|?]
```

其中，参数 DatabaseName 给出了要建立的数据库名称，如果不指定数据库名称或使用问号，则会弹出“创建”对话框请用户输入数据库名称。在项目管理器中建立数据库和通过“新建”对话框建立数据库会自动弹出数据库设计器，使用命令交互建立数据库不会弹出数据库设计器，新创建的数据库名称会显示在“常用”工具栏的下拉列表框中。若数据库名称已存在，则会覆盖同名的数据库。

3.2.2 使用数据库

在数据库中建立表或使用数据库中的表时，都必须打开数据库。与建立数据库类似，常用的打开数据库的方式也有三种：在项目管理器中打开数据库，通过“打开”对话框打开数据库，使用命令打开数据库。通常在 Visual FoxPro 开发环境下交互操作时使用前两种方法，在应用程序中使用命令打开数据库。

在项目管理器中选择了相应的数据库后，数据库将自动打开，所以此时用户不必再手动执行打开数据库的操作。

单击工具栏上的“打开”按钮或在菜单栏中选择“文件/打开”命令，弹出“打开”对话框，如图 3-7 所示，在“文件类型”下拉列表框中选择“数据库（*.dbc）”选项，或在“文件名”文本框后输入数据库名称，单击“确定”按钮打开数据库。在“打开”对话框中还可以选择“以只读方式打开”和“独占”两种打开方式。

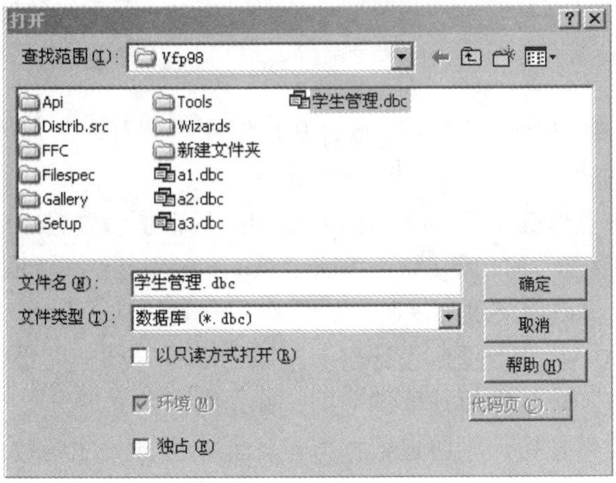

图 3-7 “打开”对话框

打开数据库的命令是 OPEN DATABASE，语法格式如下。

```
OPEN DATABASE [FileName|?] [EXCLUSIVE|SHARED][NOUPDATE][VALIDATE]
```

其中，FileName 是数据库名称，若使用“?”，则弹出“打开”对话框。EXCLUSIVE|SHARED 表示以独占或共享方式打开数据库。独占方式时可以修改数据库，共享方式时不

可以修改数据库。默认的打开方式由 SET EXCLUSIVE ON|OFF 的设置决定，系统默认设置为 ON。NOUPDATE 表示以只读方式打开指定数据库。VALIDATE 表示检查数据库中引用的对象是否合法。

注意：NOUPDATE 实际不起作用。当数据库打开后，库中的表还需要用 USE 命令打开。使用该命令打开一个表时，首先在当前库中查找，若找不到则继续在库外查找并打开表。

指定当前库命令为 SET DATABASE TO [DatabaseName]，其中参数 DatabaseName 指定一个已经打开的数据库为当前数据库。如果不指定该参数，即输入命令 SET DATABASE TO，将使得所有打开的数据库都不是当前数据库。

注意：所有的数据库都没有关闭，只是都不是当前数据库。

通常可能会打开多个数据库，可以通过“常用”工具栏上的数据库下拉列表框来选择、指定当前数据库。假设当前打开了三个数据库 a1、a2、a3，通过数据库下拉列表框指定当前数据库的方式，如图 3-8 所示。

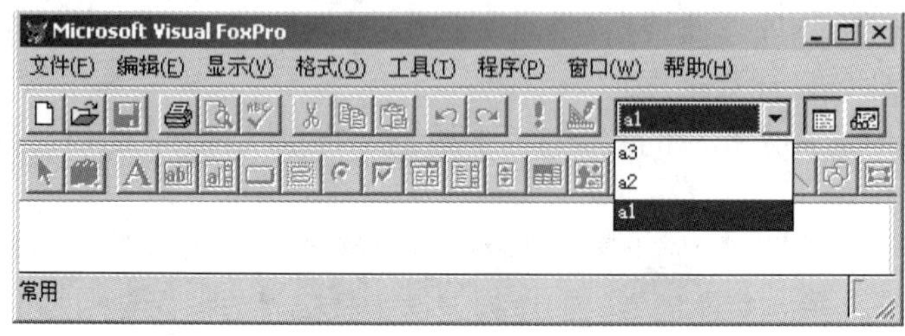

图 3-8 选择数据库

另外，Visual FoxPro 在执行查询（query）和表单（form）时也可以自动打开和选择数据库。

3.2.3 修改数据库

在 Visual FoxPro 中修改数据库实际是打开数据库设计器，用户可以在数据库设计器中完成各种数据库对象的建立、修改和删除等操作。

数据库设计器是交互修改数据库对象的界面和工具，显示数据库中包含的全部表、视图和关系。在“数据库设计器”窗口活动时，Visual FoxPro 程序上将显示“数据库”菜单和“数据库设计器”工具栏。可以用三种方法打开数据库设计器：从项目管理器中打开数据库设计器；从“打开”对话框中打开数据库设计器；使用命令打开数据库设计器。

从项目管理器中打开数据库设计器的界面，首先展开数据库分支，然后选择要修改的数据库，最后单击“修改”按钮，则将在数据库设计器中打开相应的数据库。

从“打开”对话框中打开数据库则会自动打开数据库设计器。

打开数据库设计器的命令是 MODIFY DATABASE，语法格式如下。

```
MODIFY DATABASE [DatabaseName|?] [NOWAIT] [NOEDIT]
```

其中，NOWAIT 表示在程序中继续执行此命令后的语句；若省略该参数，则数据库设计器关闭后程序才继续执行。NOEDIT 表示只打开数据库设计器，禁止对数据库修改。若参数是问号，则在“打开”对话框中选择数据库进行修改。

3.2.4 删除数据库

1. 命令方式

删除数据库的命令是 DELETE DATABASE，语法格式如下。

```
DELETE DATABASE DatebaseName|? [DELETETABLES] [RECYCLE]
```

该命令的功能是从磁盘上删除一个扩展名为.dbc 的数据库文件。

其中，DELETETABLES 表示删除数据库时删除库所包含的表。RECYCLE 表示将删除的数据库和表放入回收站。若参数是问号，则可在“删除”对话框中选择数据库进行删除。

2. 使用项目管理器

打开已建立的项目文件，同时打开项目管理器，在“数据”选项卡中选择要删除的数据库，然后单击“移去”按钮，弹出如图 3-9 所示的提示对话框，若单击“移去”按钮，则仅将数据库从项目中移去，并不删除相应的数据库文件；若单击“删除”按钮，将从磁盘上删除数据库文件；若单击“取消”按钮，则取消当前的操作，即不进行删除数据库的操作。被删除的数据库中的表成为自由表。

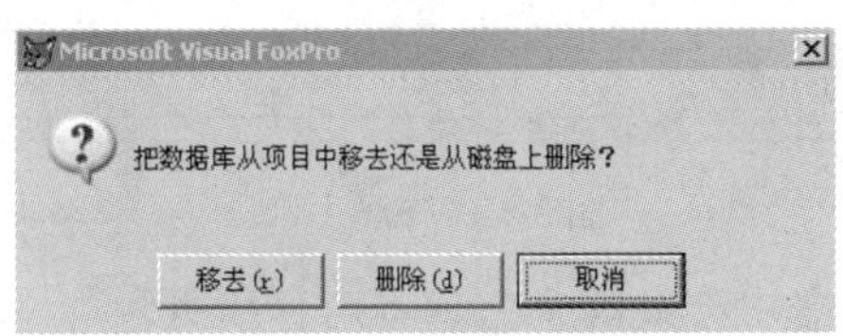

图 3-9 提示对话框

注意：以上提到的数据库文件是 dbc 文件，而不是 dbf 文件。

3.2.5 在数据库中建立表

在数据库中建立表，可以使用数据库设计器，这是最简单且直接的方法。新建数据库后或打开数据库时会打开数据库设计器，这时在菜单栏中有“数据库”菜单项。在数据库设计器中任意空白区域右击，在弹出的快捷菜单中选择“新建表”命令，如图 3-10 所示，弹出“新建表”对话框，可以单击“表向导”或“新建表”按钮来建立新的表，如图 3-11 所示，也可以单击“取消”按钮暂时中断新建表的操作。

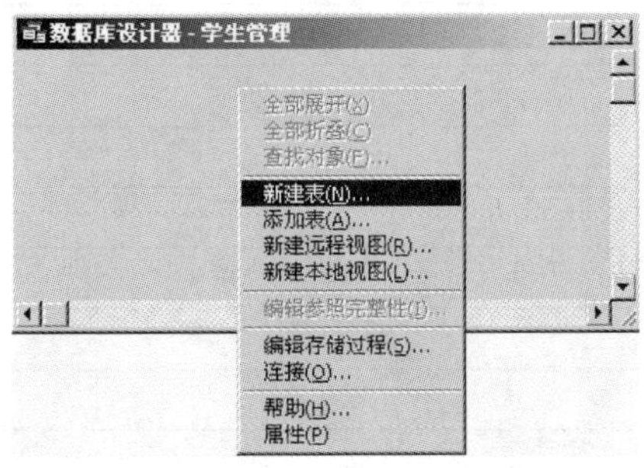

图 3-10 数据库设计器

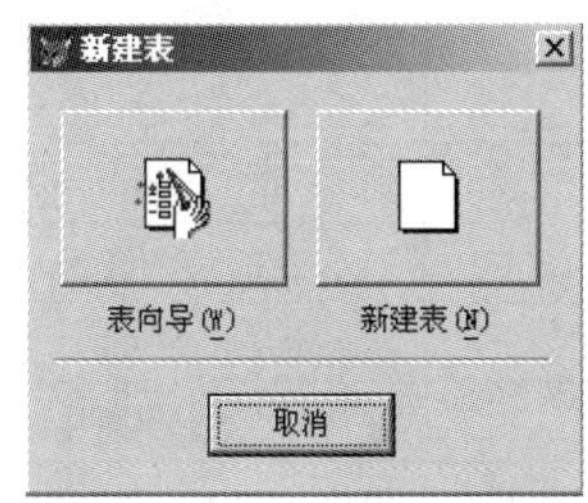

图 3-11 “新建表”对话框

单击“新建表”按钮，弹出“创建”对话框，选择表存储的位置，输入表名，单击“保存”按钮以后会打开表设计器，如图 3-12 所示。用户需要在表设计器中依次输入或选择字段名、类型和宽度等，这些是建立表所需要的最基本内容。设置完成以后单击“确定”按钮，完成表的建立。此时在数据库设计器中将显示新建立的表，同时弹出提示对话框，询问是否立即输入记录。若单击“是”按钮，则立刻可以输入记录；若单击“否”按钮，则暂时不输入记录。

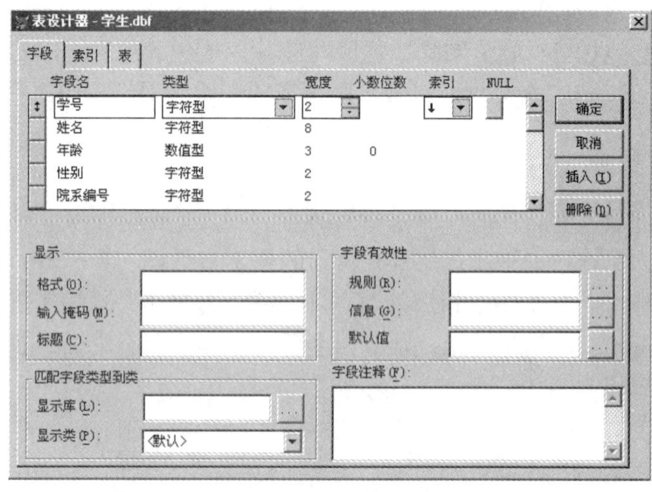

图 3-12　表设计器

下面介绍数据库表设计器中涉及的一些基本内容和概念。

1）字段有效性。在“字段有效性”选项组中可以定义字段的有效规则、违反规则时的提示信息和字段的默认值。

2）显示。在“显示”选项组中可以定义字段显示的格式、输入的掩码和字段的标题。

“格式”实质上是一个输出掩码，它决定了字段在表单、浏览窗口等界面中的显示风格。“格式”属性的格式化代码如表 3-1 所示。

“输入掩码”是字段的一种属性，用以限制或控制用户输入的格式，屏蔽非法内容的输入。“输入掩码”属性的格式化代码如表 3-2 所示。例如，规定仓库号的格式由字母 WH 和 1～2 位数字组成，则掩码可以定义为 WH99。

表 3-1　“格式”属性的格式化代码

代　码	意　义
A	允许汉字和字母，禁止数字、空格及标点符号
D	使用当前系统设置的日期格式
I	使输出值位于字段中间
L	用 0 替代数值前面的空格
T	禁止输入字段的前导空格字符及结尾空格字符
!	把输入的小写字母换成为大写字母
$	把设定的货币符号显示在数值前面

表 3-2 “输入掩码”属性的格式化代码

代码	意义
A	只允许输出字母
L	只允许输出逻辑型数据 Y、y、N、n、T、t、F、f
N	只允许输出字母和数字
X	允许输出任何字符
Y	只允许输出 Y、y、N、n，并自动转换为逻辑型数据 T、t、F、f
!	把小写字母转换成大写形式
9	允许数字和正负号
#	允许数字、空格及正负号
$	将数值型数据以货币格式显示
$$	浮动显示当前货币符号
*	在数值左面显示星号
.	指定小数位置
,	设定整数部分的 3 位式划分

“标题”是字段显示时的标题，若不指定标题则显示字段名。当字段名是英文缩写时，通过指定标题可以使界面更友好。例如，可以将仓库表的城市字段的标题指定为“仓库所在城市”。

注意：“输入掩码”和“格式”两个显示设置项的功能是基本相同的，但也有区别，“输入掩码”属性搭配格式化代码后，可以对当前字段数值中的字符进行一对一格式化控制；而“格式”属性搭配格式化代码后，所做的却是对当前字段值的全局性格式化控制。

3）字段注释。可以为每个字段添加注释，这样便于日后或其他人对数据库进行维护。

在数据库中另外一种直接建立表的方法是使用 OPEN DATABASE 命令打开数据库，使用 CREATE 命令建立表。例如，在“学生成绩管理”数据库中建立学生表，则可以使用以下命令。

```
OPEN DATABASE 学生成绩管理
CREATE 学生
```

当然该数据库必须存在，否则将首先建立“学生成绩管理”数据库，再建立表。

与自由表相比，数据库表具有如下特点。

1）数据库表可以使用长表名，在表中可以使用长字段名。

2）可以为数据库表中的字段指定标题和添加注释。

3）可以为数据库表中的字段指定默认值和输入掩码。

4）数据库表的字段有默认的控件类。

5）可以为数据库表规定字段级规则和记录级规则。

6）数据库表支持主关键字、参照完整性和表之间的关联。

7）支持 INSERT、UPDATE 和 DELETE 事件的触发器。

在 Visual FoxPro 中保留了自由表的概念，完全是为了兼容早期的软件版本。建议尽量

使用数据库表。

3.2.6 将自由表添加到数据库

在项目管理器或数据库设计器中可以很方便地将自由表添加到数据库中。在项目管理器中，将要添加自由表的数据库展开至表，并确认当前选择“表”选项，如图 3-13 所示，单击“添加”按钮，在弹出的“打开”对话框中选择要添加到当前数据库的自由表（即扩展名为.dbf 的文件）。

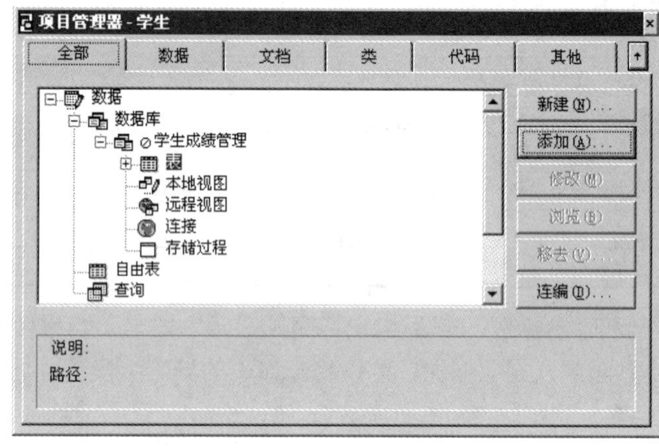

图 3-13　添加自由表到数据库

在数据库设计器中，可以在菜单栏中选择“数据库/添加表”命令，在弹出的“打开”对话框中选择要添加到当前数据库的自由表（即扩展名为.dbf 的文件）。

另外，还可以用 ADD TABLE 命令添加一个自由表到当前数据库中。

【格式】ADD　TABLE　TableName|? [Name Long TableName]

【说明】参数 Name Long TableName 可为表指定一个长名，最多为 128 个字符，使用长名可提高程序的可读性。

注意：一个表只能属于一个数据库，当一个自由表添加到某个数据库后就不再是自由表了。

3.2.7 从数据库中移出表

当数据库不再使用某个表，而其他数据库要使用该表时，必须将该表从当前数据库中移出，使之成为自由表。在项目管理器或数据库设计器中都可以很方便地将数据库表移出数据库。

在项目管理器中，展开至表，并选择所要移出的表［图 3-14（a)］，单击“移去”按钮，然后在弹出的提示对话框［图 3-14（b)］中单击“移去”按钮即可。

在数据库设计器中要移出一个表，首先选择该表，然后在菜单栏中选择“数据库/移去”命令，或者右击，在弹出的快捷菜单中选择“删除”命令，最后在如图 3-14（b）所示的提示对话框中单击“移去”按钮即可。

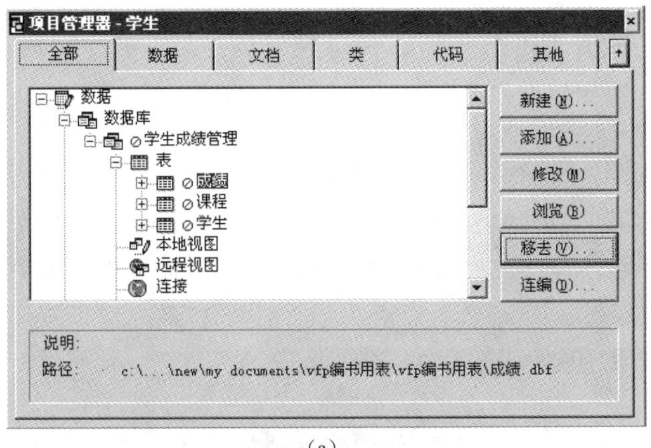

（a）

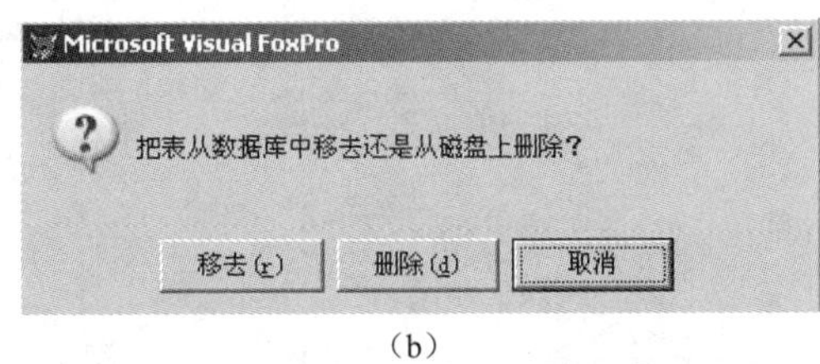

（b）

图 3-14　从数据库中移出表

注意：以上操作是从数据库中移出表，使被移出的表成为自由表，所以应该单击“移去”按钮；若单击“删除”按钮，则不仅从数据库中将表移出，还从磁盘上删除该表及扩展名为.dbf的文件。一旦某个表从数据库中移出，那么与之关联的所有主索引、默认值及有关的规则都随之消失。因此，将某个表移出的操作会影响到当前数据库中与该表有联系的其他表。如果移出的表在数据库中使用了长名，那么表移出数据库后，长名将不可再使用。另外，还可以用 REMOVE TABLE 命令将一个表从数据库中移出。

【格式】REMOVE TABLE TableName|? [DELETE] [RECYCLE]

【说明】DELETE 表示移出后还将其从磁盘上删除。RECYCLE 表示将表从数据库移出后放入回收站。

3.3　表的基本操作

本节主要讲表的基本操作，对表的操作包括向表中添加新的数据记录、删除无用的记录、修改有问题的记录、查看记录等。本节介绍的命令都是对当前表进行操作，即都需要首先用 USE 命令打开要操作的表。

3.3.1　使用浏览器操作表

对表中的数据进行交互操作，最简单、方便的方法就是使用 BROWSE 浏览器。打开浏览器的方法有多种，常用的方法如下。

- 在项目管理器中将数据库展开至表（必须有项目存在，项目中要有表），并且选择要操作的表，然后单击“浏览”按钮，如图3-15所示。

- 在数据库设计器中选择要操作的表，然后在菜单栏中选择“数据库/浏览”命令，或者右击要操作的表，在弹出的快捷菜单中选择“浏览”命令，出现如图3-16所示的BROWSE浏览器界面。
- 在命令方式下，首先用USE命令打开要操作的表，然后输入BROWSE命令。

以上各种方式打开的BROWSE浏览器的界面如图3-16所示，在该界面中可以浏览、添加、删除和修改记录等。需要注意的是，使用BROWSE命令可以调出浏览器，但是不能插入记录。

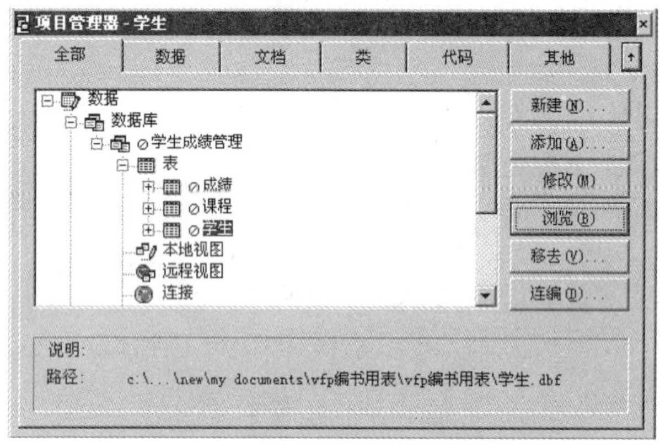

图3-15 在项目管理器中打开表

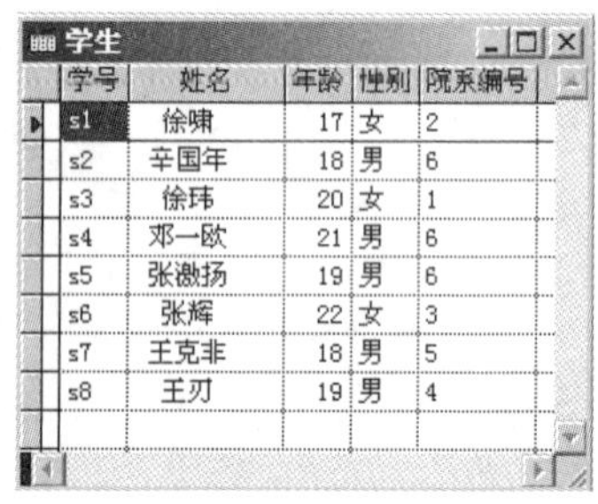

图3-16 BROWSE浏览器界面

1. 浏览操作

浏览操作最简单，常用操作如下。

- 下一记录：按下箭头键；
- 前一记录：按上箭头键；
- 下一页：按PageDown键：
- 前一页：按PageUp键；
- 下一字段：按Tab键；
- 前一字段：按Shift+Tab组合键。

除此之外可以用鼠标上、下、左、右滚动翻页和定位。

在浏览器中添加记录，可以按Ctrl+Y组合键，或者在菜单栏中选择“表/追加新记录”命令，这时在浏览器尾部会增加一条空白记录，然后在此空白记录处输入新的记录值即可，如图3-17所示。

2. 修改记录

要在浏览器中修改记录的值，只需要将光标定位在要修改的记录和字段值上，然后直接修改即可。

3. 删除记录

在Visual FoxPro中删除记录有逻辑删除和物理删除两种方式。逻辑删除只是在对记录做删除标记，必要时还可以去掉删除标记以恢复记录；而物理删除是真正从表中删除记录。物理删除是在逻辑删除的基础上进行的，即物理删除是将那些有删除标记的记录真正删除。在浏览器中设置删除标记和取消删除标记，可以按 Ctrl+T 组合键，或者在菜单栏中选择“表/切换删除标记”命令，这时在相应的记录前可以看到删除标记的变化，如图 3-17 所示。如果要在浏览器中物理删除有删除标记的记录，可以在菜单栏中选择“表/彻底删除”命令，弹出提示对话框，确认从表中移去已删除的记录。

按 Ctrl + W 组合键或 Esc 键可以退出 BROWSE 浏览器。

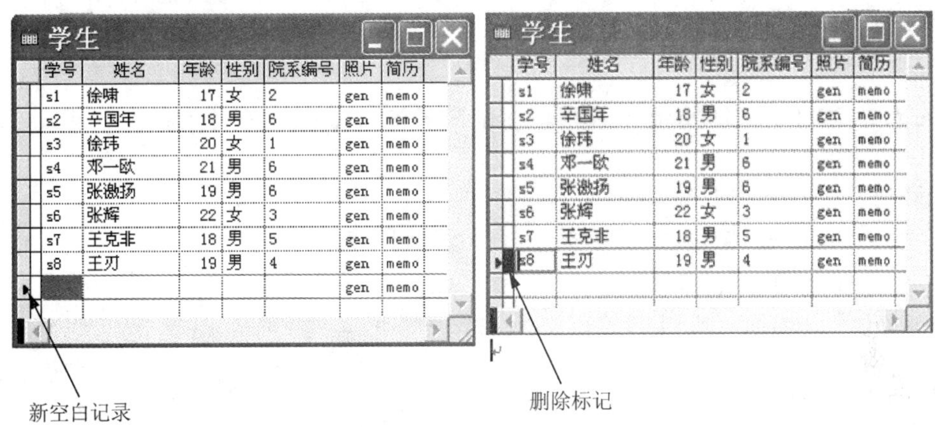

图 3-17 插入和删除记录

3.3.2 增加记录命令

1. APPEND 命令

【格式】APPEND [BLANK]
【功能】在当前已打开表的末尾追加一条或多条记录。
【说明】BLANK 表示在表末尾追加一条空记录，并自动返回命令窗口，此时系统并不打开编辑窗口。

注意：输入逻辑值时只输入 T 或 F，系统自动生成定界符；输入日期值时只输入数码，系统自动生成分隔符；输入备注值时，光标位于 memo 上时，按 Ctrl+PageDown 组合键进入编辑窗口，完成后按 Ctrl+W 组合键返回下一个字段继续输入。

【例 3.1】执行 APPEND BLANK 命令给学生表追加一个空白记录，如图 3-18 所示。

```
USE 学生
APPEND BLANK
BROWSE
```

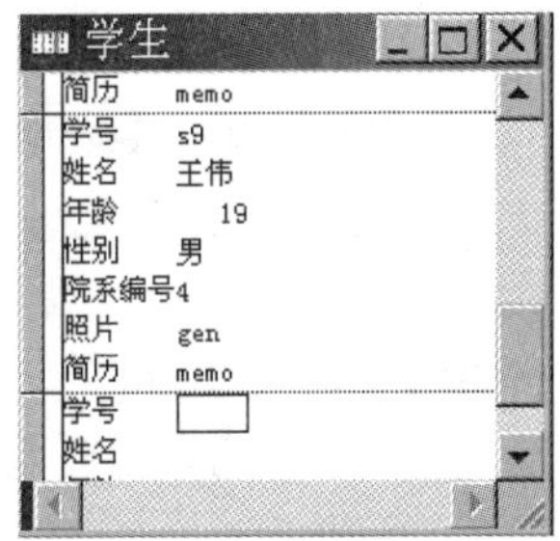

图 3-18 添加记录

2. INSERT 命令

【格式】INSERT [BEFORE] [BLANK]
【功能】在当前表文件的指定位置插入新记录或空记录。
【说明】INSERT 命令是在当前记录之后插入新记录，INSERT

BEFORE 命令是在当前记录之前插入新记录，INSERT BLANK 命令是在当前记录之后插入空记录。

注意：若在表上建立了主索引或候选索引，则不能使用 APPEND 或 INSERT 命令插入记录，必须用 SQL 的 INSERT 命令插入记录。

3.3.3 修改记录命令

在 Visual FoxPro 中可以交互修改记录，也可以用指定值直接修改记录。

1. 交互修改命令

【格式】EDIT | CHANGE [FIELDS <字段名表>] [<范围>] [FOR <逻辑表达式 1>] [WHILE <逻辑表达式 2>]

【功能】按照给定条件编辑修改当前打开的表文件的记录。

【说明】[FIELDS <字段名表>]：若选择该项，则只列出字段名表中的字段，且显示顺序同字段名表中的顺序；若省略该项，将显示表中的所有字段，显示顺序与表中的字段顺序相同。若省略[<范围>]项，则 EDIT | CHANGE 命令的范围为全部记录。

2. 直接修改命令

【格式】 REPLACE 字段名 1 WITH 表达式 1[,字段名 2 WITH 表达式 2]… [FOR 条件]

【功能】可以批量、快速地修改满足条件的一批记录的几个字段。用 WITH 后面的表达式的值替换 WITH 前面的字段的内容。

【说明】不使用 FOR 短语则只修改当前记录，使用 FOR 短语则修改满足条件的所有记录。

【例 3.2】将学生表中所有学生的年龄加 1 。

```
USE 学生  EXCLUSIVE
REPLACE  ALL 年龄  WITH 年龄+1
```

3.3.4 查询定位命令

在数据库应用中有时需要将记录定位在某条记录上，然后对其进行处理，如用 REPLACE 命令修改记录。

1. 用 GOTO 命令直接定位

GOTO 和 GO 命令是等价的。

【格式】GO nRecordNumber|TOP|BOTTOM

【功能】将当前记录定位于第 N 条记录。

【说明】其中，nRecordNumber 是记录号，即直接按记录号定位；TOP 是表头，不使用索引时是记录号为1的记录，使用索引时是索引项排在最前面的索引对应的记录；BOTTOM 是表尾，不使用索引时是记录号最大的那条记录，使用索引时是索引项排在最后面的索引项对应的记录。

【例 3.3】使用 GO 命令定位记录。

```
USE 学生 EXCLUSIVE
? RECNO()
GO BOTTOM
?RECNO(),EOF()
GO 4
?RECNO()
GO TOP
?RECNO()
```

2. SKIP 命令

在确定当前记录位置时，可以用 SKIP 命令向前或向后移动若干条记录位置。

【格式】SKIP [nRecords]

【功能】将记录指针以当前记录为基础，上移或下移若干条记录。

【说明】其中，nRecords 可以是正整数或负整数，默认是 1。若是正数则向后移动，若是负数则向前移动。SKIP 是按逻辑顺序定位，即使用索引时是按索引项的顺序定位的。若向文件尾方向移动，当指针指向表文件结束标记时，函数 EOF( )取值为真；若向文件头方向移动，当指针指向表文件起始标记时，函数 BOF( )取值为真。

【例 3.4】用 SKIP 命令定位记录。

```
USE 学生 EXCLUSIVE
?RECNO(),BOF()
SKIP -1
?RECNO(),BOF()
SKIP 3
?RECNO(),EOF()
SKIP 4
?RECNO(),EOF()
SKIP -2
? RECNO()
```

3. 用 LOCATE 命令定位

LOCATE 是按条件定位记录位置的命令。

【格式】

```
LOCATE  FOR lExpressionl
……
CONTINUE
```

【功能】将记录指针定位在满足条件的第一条记录上，使用 CONTINUE 命令则继续查找下一条满足条件的记录。

【说明】其中，lExpressionl 是查询或定位的表达式。该命令执行后将记录指针定位在满足条件的第一条记录上，若没有满足条件的记录，则指针指向文件结束位置。若要使指针指向下一条满足 LOCATE 条件的记录，则使用 CONTINUE 命令。同样，若没有记录满足条件，则指针指向文件结束位置。

为了判断 LOCATE 或 CONTINUE 命令是否找到满足条件的记录，可以使用函数 FOUND( )。若有满足条件的记录，则该函数返回真，否则返回假。

LOCATE 命令的常用结构如下。

```
LOCATE FOR  lExpressionl
Do WHILE  FOUND()
//处理……
CONTINUE
ENDDO
```

即首先找到满足条件的第一条记录，接着在循环体内进行有关处理，然后使用 CONTINUE 命令找到下一条满足条件的记录，并进行处理，如此循环，一直到没有满足条件的记录为止。

【例 3.5】按顺序查询学生表中所有女生的记录。

```
USE 学生 EXCLUSIVE
LOCATE FOR 性别="女"
?EOF(),FOUND()
DISPLAY
```

显示结果如下。

```
记录号  学号  姓名          年龄  性别  院系编号  照片  简历
    1    s1   徐啸           17   女     2        gen   memo
CONTINUE
DISPLAY
```

显示结果如下。

```
记录号  学号  姓名          年龄  性别  院系编号  照片  简历
    3    s3   徐玮           20   女     1        gen   memo
CONTINUE
DISPLAY
```

显示结果如下。

```
记录号  学号  姓名          年龄  性别  院系编号  照片  简历
    6    s6   张辉           22   女     3        gen   memo
CONTINUE
?EOF(),FOUND()
```

3.3.5 显示记录命令

显示记录的命令是 LIST 和 DISPLAY，它们的区别仅在于不使用条件时，LIST 默认显示全部记录，而 DISPLAY 默认显示当前记录。

【格式】LIST | DISPLAY [FIELDS 字段名表][FOR 条件][OFF] [TO PRINTER [PROMPT]| TO FILE<文件名>]

【功能】显示符合条件的记录的字段值。

【说明】LIST 默认显示全部记录，而 DISPLAY 默认显示当前记录。[FIELDS 字段名表]指定显示的字段，否则默认显示全部字段。有[OFF]表示不显示记录号，否则显示。[TO PRINTER]表示将结果输出到打印机。使用[PROMPT]则在打印之前弹出一个打印设置对话框，可对打印机进行设置。[TO FILE]表示将结果输出到文件。

Visual FoxPro 命令总是由一个命令动词开头，其后跟上若干子句，用来说明命令的操作对象、操作结果和操作条件等信息。很多 Visual FoxPro 命令带有范围，FOR、WHILE 后面跟条件，FIELDS 后面跟字段名表。一条命令由命令动词、范围子句、FOR 子句、WHILE 子句、FIELDS 子句等构成。

（1）命令动词

命令动词是 Visual FoxPro 命令的名称，用来表示命令的操作，如 LIST、DISPLAY、REPLACE（后面将具体介绍）等。

（2）范围子句

范围子句用来确定执行该命令涉及的记录。范围有以下 4 种限定方法。

- ALL：所有记录。
- NEXT <n>：从当前记录起的 n 个记录。
- RECORD <n>：第 n 个记录。
- REST：从当前记录起到最后一个记录止的所有记录。

缺少范围子句时通常默认为 ALL，如 LIST 命令。但也有例外，DISPLAY 命令在缺少范围子句时默认范围为当前记录。

（3）FOR 子句

FOR lExpressionl 中，lExpressionl 为逻辑表达式，它指定选择记录的条件。若命令中还含有范围子句，则在指定范围中筛选出符合条件的记录。

（4）WHILE 子句

WHILE 子句也用于指明操作条件，但它仅在当前记录符合条件时开始依次筛选记录，遇到不满足条件的记录就停止操作。

（5）FIELDS 子句

FOR 与 WHILE 子句都能将表中需要操作的记录筛选出来，FIELDS 子句则能确定需要操作的字段。该子句的保留字 FIELDS 可以省略，而字段名表用来列出需要的字段，LIST 命令将按筛选得到的记录依次算出表达式的值，并显示出来。FIELDS 子句省略时显示除备注型、通用型字段外的所有字段。

【例 3.6】在工作区窗口显示学生表的记录。

```
USE 学生  EXCLUSIVE
CLEAR
LIST
```

显示结果如下。

```
记录号  学号  姓名        年龄  性别  院系编号  照片  简历
   1     s1   徐啸         17   女      2       gen   memo
   2     s2   辛国年       18   男      6       gen   memo
   3     s3   徐玮         20   女      1       gen   memo
   4     s4   邓一欧       21   男      6       gen   memo
   5     s5   张激扬       19   男      6       gen   memo
   6     s6   张辉         22   女      3       gen   memo
   7     s7   王克非       18   男      5       gen   memo
   8     s8   王刃         19   男      4       gen   memo
?RECNO(),EOF()
GO  2
DISPLAY
```

显示结果如下。

```
记录号  学号  姓名        年龄  性别  院系编号
   2     s2   辛国年       18   男      6
LIST RECORD 1 FIELDS 学号, 姓名
```

显示结果如下。

```
记录号  学号  姓名
   1     s1   徐啸
?RECNO(),EOF()
LIST 姓名,性别 FOR 性别="女"
```

显示结果如下。

```
记录号  姓名    性别
   1    徐啸    女
   3    徐玮    女
   6    张辉    女
LIST 姓名,性别,年龄 FOR 性别="男"  AND  年龄>=20
```

显示结果如下。

```
记录号  姓名    性别  年龄
   4    邓一欧  男     21
```

3.3.6 删除记录命令

Visual FoxPro 的记录删除分为逻辑删除和物理删除，与之相关的命令分别如下。

1. 逻辑删除有删除标记的记录

逻辑删除或设置删除标记的命令是 DELETE。

【格式】DELETE [FOR 条件]

【功能】逻辑删除符合条件的所有记录，若无条件则只逻辑删除当前一条记录。使用 DELETE ALL 命令可以逻辑删除所有记录。

【例 3.7】逻辑删除学生表中第 3 个记录和第 5 个记录。

```
USE 学生 EXCLUSIVE
GO 3
DELETE
GO 5
DELETE
LIST
```

显示结果如下。

记录号	学号	姓名	年龄	性别	院系编号	照片	简历
1	s1	徐啸	17	女	2	gen	memo
2	s2	辛国年	18	男	6	gen	memo
3	*s3	徐玮	20	女	1	gen	memo
4	s4	邓一欧	21	男	6	gen	memo
5	*s5	张激扬	19	男	6	gen	memo
6	s6	张辉	22	女	3	gen	memo
7	s7	王克非	18	男	5	gen	memo
8	s8	王刃	19	男	4	gen	memo

从显示结果可以看出，第 3 个记录和第 5 个记录的前面都有一个星号（*），这个星号就是逻辑删除标记。

【例 3.8】逻辑删除学生表中年龄小于 19 岁的学生。

```
USE 学生 EXCLUSIVE
DELETE FOR 年龄<19
LIST
```

显示结果如下。

记录号	学号	姓名	年龄	性别	院系编号	照片	简历
1	*s1	徐啸	17	女	2	gen	memo
2	*s2	辛国年	18	男	6	gen	memo
3	s3	徐玮	20	女	1	gen	memo
4	s4	邓一欧	21	男	6	gen	memo
5	s5	张激扬	19	男	6	gen	memo
6	s6	张辉	22	女	3	gen	memo
7	*s7	王克非	18	男	5	gen	memo
8	s8	王刃	19	男	4	gen	memo

以上均是在 SET DELETE OFF 状态下显示的，如果在命令窗口输入 SET DELETE ON 命令，则不显示带星号（*）的记录。

2. 恢复记录的命令

被逻辑删除的记录可以恢复，恢复记录的命令是 RECALL，语法格式如下。

【格式】RECALL [FOR 条件]

【功能】恢复符合条件的记录，无条件则只恢复当前一条记录。使用 RECALL ALL 命令可以恢复所有逻辑删除的记录。

【例 3.9】将学生表中已经删除的男生记录恢复。

```
USE 学生  EXCLUSIVE
RECALL  FOR  性别="男"
```

3. 物理删除有删除标记的记录

物理删除有删除标记记录的命令是 PACK，执行该命令后所有有删除标记的记录将从表中被物理删除，并且不可恢复。

【例 3.10】删除学生表中第 5 个记录。

```
USE 学生  EXCLUSIVE
GO 5
DELETE
PACK
BROWSE
```

4. 物理删除表中的全部记录

使用 ZAP 命令可以物理删除表中的全部记录（不管是否有删除标记），该命令只是删除全部记录，并没有删除表，执行该命令后表结构依然存在。后面将介绍 DROP TABLE 命令，使用 DROP TABLE 命令就可将表中的记录和表结构都删除，注意区别使用。

3.3.7 表与表结构的复制

对已有文件（表文件、数据库文件、表单文件、程序文件等）进行复制，可以得到它的一个副本，这是保护文件安全的措施之一。

1. 复制任何类型的文件

【格式】COPY FILE <FILENAME1> TO <FILENAME2>

【功能】从 FILENAME1 文件复制得到 FILENAME2 文件。

【说明】若对表进行复制，该表必须处于关闭状态。<FILENAME1>和<FILENAME2>都可以使用通配符（*和？）。

2. 从表复制得到表或者其他类型的文件

【格式】COPY TO <新建文件全名>[FIELDS <字段名表>] [FIELDS LIKE <通配字段名>]

[FIELDS EXCEPT <通配字段名>] [范围] [FOR <条件 1>] [WHILE <条件 2>] [[TYPE] [SDF | XLS | DELIMITED [WITH <定界符> | WITH BLANK | WITH TAB]]]

【功能】将当前表中指定的记录和字段复制到一个新表或者其他类型的文件中。

【说明】

1）首先要打开表。

2）对于包含备注型字段的表，系统在复制扩展名为.dbf 的文件的同时会自动复制扩展名为.fpt 的备注文件。

3）<通配字段名>指在表示字段名时可以使用通配符（*和？），FIELDS LIKE 表示取<通配字段名>所指的字段，FIELDS EXCEPT<通配字段名>表示取<通配字段名>之外的字段。

4）新文件的类型除了可以是表文件，还可以是系统数据格式、定界格式等文本文件或者 Excel 文件。文本文件是 ASCII 字符文件，可以用字符编辑程序来编辑。它与表不同，即没有结构只有数据，系统默认的扩展名为.txt。Excel 文件只能在 Excel 程序中打开。

若不含有 TYPE 子句，默认新文件的类型是表。若要得到 Excel 文件，TYPE 子句中必须取 XLS。若要得到文本文件，则 TYPE 子句中必须取 SDF 或 DELIMITED，具体如下。

- SDF 表示数据无定界符，数据间也无分隔符。
- 不带 WITH 的 DELIMITED 表示用逗号作为分隔符，定界符为双引号。
- DELIMITED WITH <定界符>表示用指定的字符作为定界符，分隔符为逗号。
- DELIMITED WITH BLANK 表示用空格作为分隔符，没有定界符。
- DELIMITED WITH TAB 表示用制表符作为分隔符，定界符为双引号。

注意： 这里的定界符指字符型的定界符，其他类型字段没有定界符；分隔符是指字段之间用来分隔的字符。

【例 3.11】从学生表复制生成文件 XS2，生成的新表 XS2 和原表的结构及内容完全相同。

```
USE 学生  EXCLUSIVE
COPY  TO  XS2
USE XS2
LIST STRUCTURE
LIST
```

【例 3.12】从学生表复制生成新表 XS3，新表中包含“学号”、“姓名”、“性别”三个字段，且性别是“女”的记录。

```
USE 学生  EXCLUSIVE
COPY   TO  XS3  FIELDS 学号,姓名,性别  FOR 性别="女"
USE XS3
LIST
```

3. 复制表的结构

【格式】COPY STRUCTURE TO TableName [FIELDS FieldList]

【功能】将当前打开的表结构部分或全部复制给 TableName 所指定的一个表。仅复制当前表的结构，不复制其中的数据。

【说明】TableName 指定生成新表结构的表文件名。FIELDS FieldList 指定在新表中所包含的字段及顺序。若省略该子句，则按字段原来的顺序复制全部字段。

【例 3.13】从学生表的结构中复制新表 xs.dbf 的结构，表 xs.dbf 的结构中包含"学号"、"姓名"、"性别"三个字段。

```
USE 学生  EXCLUSIVE
COPY  STRUCTURE TO XS  FIELDS 学号，姓名，性别
USE XS
LIST STRUCTURE
```

显示结果如下。

```
表结构:          C:\PROGRAM FILES\MICROSOFT VISUAL STUDIO\VFP98\XS/DBF
数据记录数:      0
最近更新的时间:  03/06/11
代码页:          936
字段  字段名      类型          宽度     小数位   索引   排序   Nulls
  1   学号       字符型          2                               否
  2   姓名       字符型          8                               否
  3   性别       字符型         13
**总计**
```

3.4 索　　引

为了提高查找和搜索的效率，Visual FoxPro 引入索引的概念。使用索引可以要按特定的顺序定位、查看或操作表中记录。根据应用程序的要求，Visual FoxPro 可以灵活地对同一个表创建和使用不同的索引，使用户可按不同顺序处理记录。

3.4.1 基本概念

Visual FoxPro 索引是由指针构成的文件，这些指针逻辑上按照索引关键字的值进行排序。索引文件和表的.dbf 文件分别存储，并且不改变表中记录的物理顺序。实际上，创建索引是创建一个由指向.dbf 文件记录的指针构成的文件。若要根据特定顺序处理表记录，可以选择一个相应的索引。使用索引还可以加速对表的查询操作。

如前所述，可以在表设计器中定义索引。Visual FoxPro 中的索引分为主索引、候选索引、唯一索引和普通索引四种。

（1）主索引

主索引是指在指定字段或表达式中不允许出现重复值的索引。

只有数据库表可以创建主索引，一个表只能创建一个主索引，通常用表的主关键字作为主索引关键字。主索引可以确保字段中输入值的唯一性，并决定了处理记录的顺序。如果某个表已经有了一个主索引，还可以为它添加候选索引。

（2）候选索引

同主索引一样，候选索引要求关键字段或表达式不能有重复值。用候选关键字建立候选索引。

数据库表和自由表都可以建立候选索引，并且一个表可以建立多个候选索引。

（3）唯一索引

唯一索引是为了与 FoxBASE 兼容而保留的一种索引。

“唯一性”是指索引项的唯一，而不是字段值的唯一。一个表可以建立多个唯一索引，并且不要求索引字段值唯一，它以字段的首次出现值为基础，选定一组记录，并对记录进行排序。

（4）普通索引

普通索引也可以决定记录的处理顺序，可用来对记录排序和搜索记录，它不仅允许字段中出现重复值，且允许索引项中也出现重复值。在一个表中，可以建立多个普通索引。

在一个表中可以建立多个普通索引、候选索引和唯一索引，但只能建立一个主索引。主索引用于主关键字字段，候选索引用于那些不作为主关键字但字段值又必须唯一的字段，普通索引用于一般地提高查询速度，唯一索引用于一些特殊的程序设计，如表 3-3 所示。

表 3-3　索引功能分类表

<table>
<tr><th>索引类型</th><th>关键字重复值</th><th>说　明</th><th>创建修改命令</th><th>索引个数</th></tr>
<tr><td>普通索引</td><td>可以</td><td>可作为一对多关系中的“多方”</td><td rowspan="2">Index</td><td rowspan="3">可以多个</td></tr>
<tr><td>唯一索引</td><td>可以，但输出无重复值</td><td>为与以前的版本兼容</td></tr>
<tr><td>候选索引</td><td rowspan="2">不可以，输入重复值将禁止</td><td>可作为主关键字，可用于在永久关系中建立参照完整性</td><td>Index
Create table
Alter table</td></tr>
<tr><td>主索引</td><td>仅适用于数据库表，可用于在永久关系中建立参照完整性</td><td>Create table
Alter table</td><td>仅一个</td></tr>
</table>

3.4.2　在表设计器中建立索引

1. 单项索引

表设计器中包含 3 个选项卡。在“字段”选项卡中定义字段时就可以直接指定某些字段是否是索引项，下拉列表框中包含三个选项：无、升序和降序（默认是无）。若选定了升序或降序，则在对应的字段上建立一个普通索引，索引名与字段名相同，索引表达式就是对应的字段。若要将索引定义为其他类型的索引（主索引、候选索引、唯一索引），则须切换到“索引”选项卡，然后在“类型”下拉列表框中选择索引的类型，如图 3-19 所示。这时可以根据需要选择主索引、候选索引、唯一索引或普通索引。

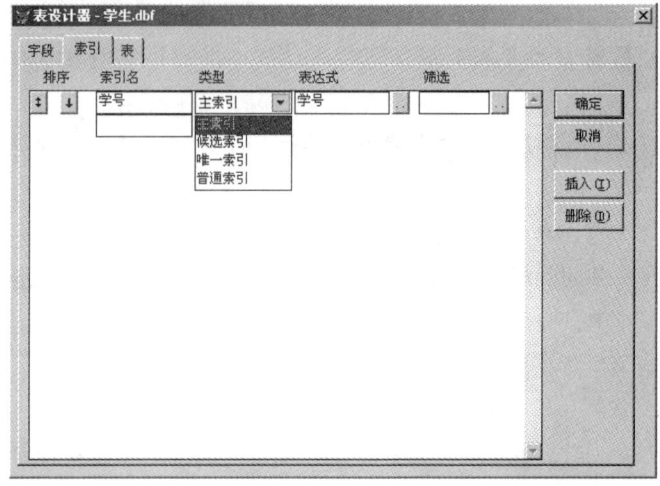

图 3-19　建立索引

2．复合字段索引

如果索引是基于一个字段的，那么按以上办法建立索引即可。另外，还可以按照多个字段建立索引，就像多级目录问题，确定先按什么索引，再按什么索引。在多个字段上的索引称为复合字段索引。建立复合字段索引的方法如下。

1）在图 3-19 所示的“索引”选项卡中单击“插入”按钮，这时界面中会出现一个新行。

2）在“索引名”文本框中输入索引名。

3）在“类型”下拉列表框中选择索引类型。

4）单击“表达式”文本框右侧的按钮，弹出“表达式生成器”对话框，如图 3-20 所示。

5）在“表达式”文本框中输入索引表达式，然后单击“确定”按钮。

索引可以提高查询速度，但是维护索引是要付出代价的，当对表进行插入、删除和修改等操作时，系统会自动维护索引，也就是说索引会降低插入、删除和修改等操作的速度。由此看来，建立索引也存在策略的问题，并不是说索引可以提高查询速度就在每个字段上都建立索引。

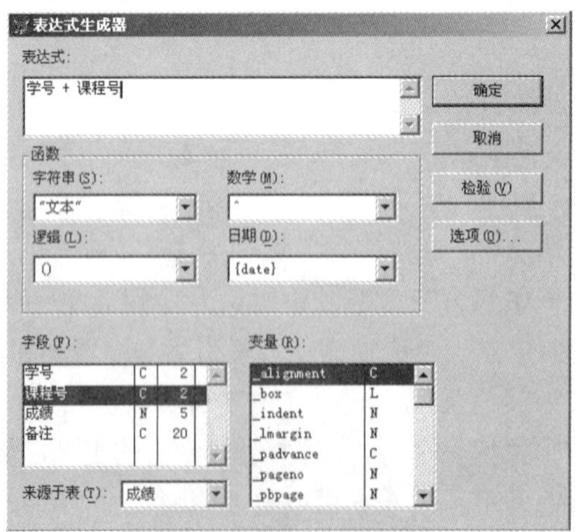

图 3-20　表达式生成器

3.4.3 用命令建立索引

在 Visual FoxPro 中，一般情况下都可以在表设计器中交互建立索引，特别是主索引和候选索引是在设计数据库时就确定好的。但有时需要在程序中临时建立一些普通索引或唯一索引，所以仍然需要了解建立索引的命令，并且通过索引命令还可以进一步理解 Visual FoxPro 的索引和索引文件。

【格式】建立索引的命令是 INDEX，语法格式如下。

```
INDEX  ON  eExpression TO IDXFileName|TAG TagName[OF CDXFile Name]
[FOR LExpression] [compact]
[ASCEDING|DESCENDING]
[UNIQUE|CANDIDATE]
[ADDITIVE]
```

【说明】

1）eExpression：索引表达式，字段名或包含字段名的表达式。

2）To IDXFileName：建立一个单独的索引文件，扩展名为.idx。

3）TagName：索引名。结构复合索引表示多个索引创建在一个索引文件中，其文件名与表名相同，扩展名为.cdx。用 OF 短语，则可用 CDXFile Name 指定包含多个索引的复合索引文件名，扩展名也是.cdx。

4）FOR LExpression：用于给出索引过滤条件，一般不使用。

5）compact：当使用 TO 索引文件时说明建立一个压缩的.idx 文件。

6）[ASCEDING|DESCENDING]：建立升序或降序索引，默认为升序。

7）UNIQUE：建立唯一索引。

8）CANDIDATE：建立候选索引。

9）ADDITIVE：表示建立索引时是否关闭以前的索引。

从以上命令格式可以看出使用该命令可以建立普通索引、唯一索引或候选索引，但没有主索引。前面提到主索引和候选索引具有相同的功能，在表设计器中指定一个主索引实际上就是指定了一个主关键字。

另外需要注意的是，从索引的组织方式来讲共有三类索引：单独的.idx 索引，是一种非结构索引；采用非默认名的.cdx 索引，是非结构单索引；与表同名的.cdx 索引，是结构复合索引。也就是说，与表同名的.cdx 索引是一种结构复合压缩索引，它在 Visual FoxPro 数据库中是最普通也是最重要的一种索引文件（前面用表设计器建立的索引都是这类索引）。结构复合压缩索引文件具有如下特性。

- 在打开表时自动打开。
- 在同一索引文件中能包含多个索引方案或索引关键字。
- 在添加、更改或删除记录时自动维护索引。

所以，一般只使用结构复合压缩索引，而非结构索引通常是为了与以前版本兼容，建议在新的应用中不再使用。若是作为临时用途，不希望以后系统自动维护索引，或者使用完后就删除索引文件，则可以使用两种非结构索引。

3.4.4 使用索引

要利用索引查询，必须同时打开表与索引文件，一个表可以打开多个索引文件，同一个复合索引文件中也可能包含多个索引标识，但任何时候只有一个索引文件起作用，在复合索引文件中也只有一个索引标识起作用。当前起作用的索引文件称为主控索引文件，当前起作用的索引标识称为主控索引。也就是说，实现索引查询必须满足以下条件：打开表，打开索引文件，确定主控索引文件，对于复合索引文件还需要确定主控索引。

1. 打开和关闭索引

若目前仅有一个索引文件被打开，则它就是主控索引文件。索引刚建立时，索引文件为打开状态且为主控索引文件。除结构复合索引能随着表的打开而打开外，其他索引文件必须用命令打开。表关闭时索引文件随之关闭。

【格式】SET INDEX TO IndexFileList

【功能】主要用于独立索引文件的打开，IndexFilelist 是用逗号分开的索引文件表，可以包含.idx 和.cdx 索引。

2. 确定主控索引

尽管结构索引在打开表时都能够自动打开，但是在使用某个特定索引进行查询或需要记录按某个特定索引顺序显示时，则必须用 SET ORDER 命令指定索引。

【格式】SET ORDER TO [nIndexNumber|[TAG] Tag name]
[ASCENDING|DESCENDING]

【功能】按索引号或索引名指定索引定位。

3. 删除索引

如果某个索引不再使用即可将其删除。删除索引的办法是在表设计器的“索引”选项卡中单击“删除”按钮。删除结构索引的命令是 DELETE TAG。

【格式】DELETE TAG TagName

【说明】其中 TagName 指出了要删除的索引名。如果要删除全部索引可以使用 DELETE TAG ALL 命令。

4. 索引的更新

当表中的数据发生变化时（如进行插入、删除、添加或更新操作之后），所有当前已打开的索引文件都会随着数据的改变自动改变记录的逻辑顺序，实现索引文件的自动更新。但是若未确定主控索引，修改表的记录时索引文件就不会自动更新。如果仍要维持记录的逻辑顺序，可用 REINDEX 命令重建索引，其语法格式为 REINDEX [COMPACT]；也可用 INDEX ON 命令再次建立索引，两者效果相同。

【例 3.14】利用 INDEX 命令为学生表中的“学号”字段建立候选索引。

```
USE 学生 EXCLUSIVE
INDEX  ON 学号 TAG 学号 CANDIDATE
```

【例 3.15】利用 INDEX 命令为学生表中的“学号”字段建立索引名为“学号”的降序普通索引，为“性别”字段建立索引名为“性别”的唯一索引。

```
USE 学生 EXCLUSIVE
INDEX  ON 学号 TAG 学号 DESCENDING
LIST
```

显示结果如下。

记录号	学号	姓名	年龄	性别	院系编号	照片	简历
8	s8	王刃	19	男	4	gen	memo
7	s7	王克非	18	男	5	gen	memo
6	s6	张辉	22	女	3	gen	memo
5	s5	张激扬	19	男	6	gen	memo
4	s4	邓一欧	21	男	6	gen	memo
3	s3	徐玮	20	女	1	gen	memo
2	s2	辛国年	18	男	6	gen	memo
1	s1	徐啸	17	女	2	gen	memo

```
INDEX ON 性别 TAG 性别 UNIQUE
LIST
```

显示结果如下。

记录号	学号	姓名	年龄	性别	院系编号	照片	简历
2	s2	辛国年	18	男	6	gen	memo
1	s1	徐啸	17	女	2	gen	memo

【例 3.16】利用 INDEX 命令为学生表建立普通索引，要求记录按性别升序排序，性别相同则按年龄升序排序。

```
USE 学生 EXCLUSIVE
INDEX ON 性别+STR(年龄)  TAG  XBNL
LIST
```

显示结果如下。

记录号	学号	姓名	年龄	性别	院系编号	照片	简历
2	s2	辛国年	18	男	6	gen	memo
7	s7	王克非	18	男	5	gen	memo
5	s5	张激扬	19	男	6	gen	memo
8	s8	王刃	19	男	4	gen	memo
4	s4	邓一欧	21	男	6	gen	memo
1	s1	徐啸	17	女	2	gen	memo
3	s3	徐玮	20	女	1	gen	memo
6	s6	张辉	22	女	3	gen	memo

3.4.5 使用索引快速定位

SEEK 是利用索引快速定位的命令。

【格式】SEEK eExpression [ORDER nIndexNumber|[TAG] Tag name] [ASCENDING|DESCENDING]

【功能】可以用索引号或索引名指定按哪个索引定位。

【说明】其中，表达式 eExpression 的值是索引项或索引关键字的值，可以用索引序号（nIndexNumber）或索引名（Tag name）指定按哪个索引定位，还可以使用 ASCENDING 或 DESCENDING 指定按升序或降序定位（当表中的记录非常多时，根据索引关键字的值决定从前面开始查找还是从后面开始查找，可以提高查找的速度）。

1）SEEK 命令只能对已建立并打开的索引文件的表文件进行检索。如果查找成功，记录指针定位在复合的第一个记录上，并停止继续查找，FOUND( )函数值为.T.，表示已查找到；否则，FOUND( )函数值为.F.，EOF( )函数值为.T.。

2）SEEK 命令可以查找字符型、数值型、日期型、逻辑型数据。如果要查找字符型常量，必须用定界符将 C 型常量引起来。

3）利用 SET EXACT ON 命令可以实现对字符型数据进行精确查找，即要求字符型数据精确匹配；利用 SET EXACT OFF 命令可以实现对字符型数据进行模糊查找，即不要求字符型数据精确匹配。

4）SEEK 命令只查找符合条件的第一个记录，与 SKIP 命令配套使用可继续查找。

【例 3.17】在学生表中查找男生的记录。

```
USE 学生 EXCLUSIVE
INDEX ON 性别 TAG XB
SEEK  "男"
DISPLAY
记录号  学号  姓名        年龄 性别  院系编号  照片  简历
    2    s2   辛国年        18  男    6         gen   memo
SKIP
DISPLAY
记录号  学号  姓名        年龄 性别  院系编号  照片  简历
    4    s4   邓一欧        21  男    6         gen   memo
SKIP
```

可按此方法继续查询其他男生的记录。

3.5 数据完整性

在数据库中数据完整性是指保证数据正确的特性。数据完整性一般包括实体完整性、域完整性和参照完整性等，Visual FoxPro 提供了实现这些完整性的方法和手段。

3.5.1 实体完整性与主关键字

实体完整性是保证表中记录唯一的特性，即在一个表中不允许有重复的记录。在 Visual

FoxPro 中利用主关键字或候选关键字来保证表中的记录唯一，即保证实体唯一性。

若一个字段的值或几个字段的值能够唯一标识表中的一条记录，则这样的字段称为候选关键字。在一个表中可能会有几个具有这种特性的字段或字段的组合，这时从中选择一个作为主关键字。Visual FoxPro 中的主索引和候选索引有相同的作用。

3.5.2 域完整性与约束规则

域完整性是很常见的，如数据类型的定义都是域完整性的范畴。对于数值型字段，通过指定不同的宽度说明不同范围的数值数据类型，从而可以限定字段的取值类型和取值范围。但这些对域完整性来说还远远不够，还可以用一些域约束规则来进一步保证域完整性。域约束规则也称为字段有效性规则，在插入或修改字段值时被激活，主要用于数据输入正确性的检验。

建立字段有效性规则，比较简单、直接的方法仍然是使用表设计器。在表设计器的“字段”选项卡中，有一组定义字段有效性规则的项目，包括规则（字段有效性规则）、信息（违反字段有效性规则时的提示信息）、默认值（字段的默认值）。使用表设计器建立字段有效性规则的操作步骤如下。

1）首先选择要定义字段有效性规则的字段。

2）然后分别输入或编辑规则、信息及默认值等项目。

字段有效性规则的项目可以直接输入，也可以单击文本框右侧的按钮打开表达式生成器，编辑生成相应的表达式。

注意：“规则”的类型是逻辑表达式，“信息”的类型是字符串表达式，“默认值”的类型则视字段的类型而定。

【例 3.18】以学生成绩管理数据库中的学生表为例，设性别有效性规则为“男”或“女”，当输入的性别不在此范围时给出错误提示信息，性别的默认值为“男”。

此题是对性别字段做约束。首先打开表设计器，选中性别字段，修改性别字段的规则，输入“性别="男".OR.性别="女"”；在“信息”文本框中输入"性别输入错误，性别必须是男或女"，注意这是错误提示信息，一定要带有双引号；在“默认值”文本框中输入"男"，注意此处必须带有双引号，因为它是字符型的数据，如图 3-21 所示。

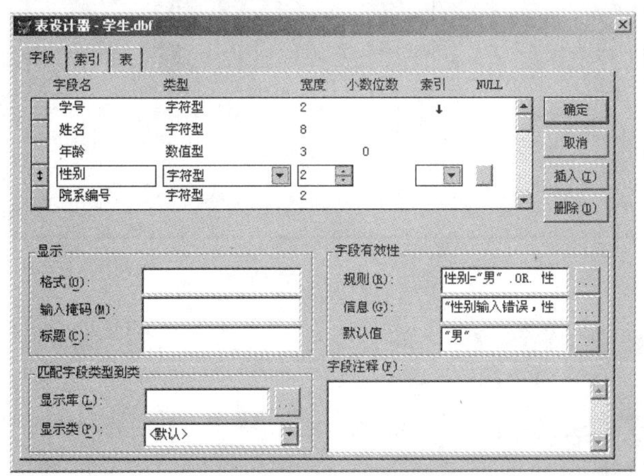

图 3-21　域完整性与约束规则

3.5.3 参照完整性与表之间的关联

参照完整性与表之间的关联有关，其大概含义是，当插入、删除或修改一个表中的数据时，通过参照引用相互关联的另一个表中的数据，来检查对表的数据操作是否正确。例如，一个职工记录由仓库号、职工号和工资三个字段构成，当插入一条这样的记录时，若没有参照完整性检查，则可能会插入一个并不存在的仓库职工记录，该记录肯定是错误的；若在插入仓库职工记录之前能够进行参照完整性检查（检查指定职工记录的仓库号在仓库表中是否存在），则可以保证插入记录的合法性。

参照完整性是关系数据库管理系统的一个很重要的功能。在 Visual FoxPro 中为了建立参照完整性，必须首先建立表之间的联系（在中文版 Visual FoxPro 中称为关系）。

为了理解这里的联系，读者可以参照第 1 章介绍概念数据模型时讨论的实体之间的联系和联系类型。最常见的联系类型是一对多联系，在关系数据库中通过连接字段来体现和表示联系。连接字段在父表中一般是主关键字，在子表中是外部关键字（若一个字段或字段的组合不是本表的关键字，而是另外一个表的关键字，则这样的字段称为外部关键字）。在数据库设计器中设计表之间的联系时，要在父表中建立主索引，在子表中建立普通索引，然后通过父表的主索引和子表的普通索引建立两个表之间的联系。

为了建立表之间的联系，在学生成绩管理数据库中有以下 3 个表。

- 学生：包含学号、姓名、年龄、性别、院系编号字段，并以学号建立了主索引。
- 课程：包含课程号、课程名、先修课号、学分字段，并以课程号建立了主索引。
- 成绩：包含学号、课程号、成绩、备注字段，并以学号建立了普通索引，以课程号建立了普通索引。

如图 3-22 所示，数据库设计器中已经建立好这 3 个表。在这 3 个表中，学生和成绩之间有一个一对多联系，连接字段是学号；课程和成绩之间有一个一对多联系，连接字段是课程号。

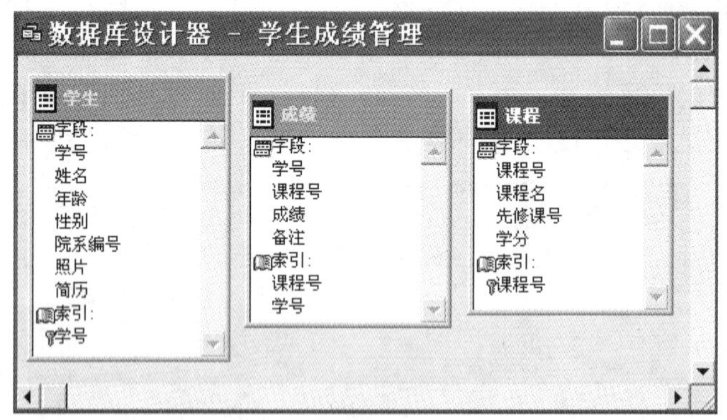

图 3-22 数据库设计器界面

【例 3.19】分别建立学生和成绩之间、课程和成绩之间的一对多联系，并设计表的参照完整性。

首先建立学生和成绩之间的一对多联系，在如图 3-22 所示的数据库设计器中选中学生的主索引学号，拖动到成绩表的学号索引上，释放鼠标即可建立联系。用同样的方法可以建立课程和成绩之间的联系。

建立好联系的表如图 3-23 所示。如果在建立联系时操作有误，可以编辑修改联系。方法是右击要修改的联系，在弹出的快捷菜单中选择“编辑关系”命令，弹出“编辑关系”对话框，如图 3-24 所示。

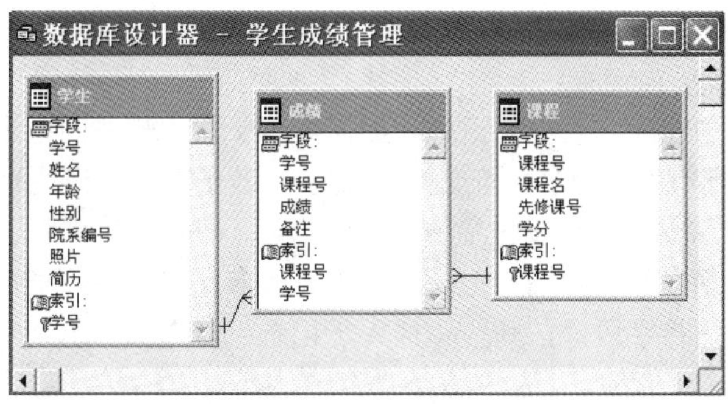

图 3-23　表之间的联系

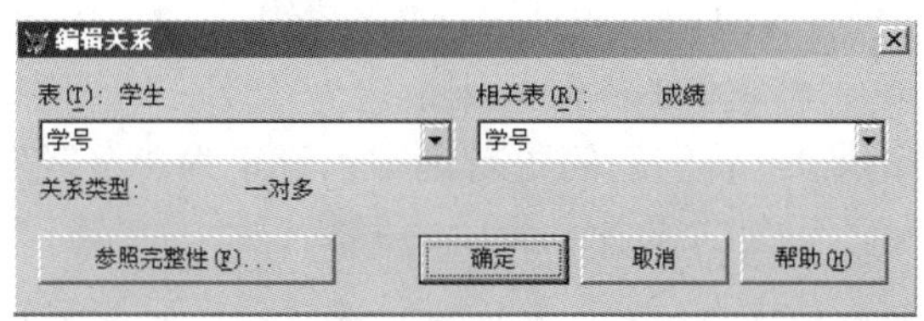

图 3-24　“编辑关系”对话框

在“编辑关系”对话框中，通过在下拉列表框中重新选择表或相关表的索引名即可达到修改联系的目的。

到目前为止，只是建立了表之间的联系，Visual FoxPro 默认没有建立任何参照完整性约束。在建立参照完整性之前必须首先清理数据库，这时可以在菜单栏中选择“数据库/清理数据库”命令。如果无法清理数据库，只需要将 Visual FoxPro 关闭，然后重新打开 Visual FoxPro，打开数据库设计器，再次选择“数据库/清理数据库”命令即可。

清理完数据库后，右击表之间的联系，在弹出的快捷菜单中选择“编辑参照完整性”命令，弹出“参照完整性生成器”对话框，如图 3-25 所示。

注意： 不管选择的是哪个联系，所有联系将都出现在参照完整性生成器中。

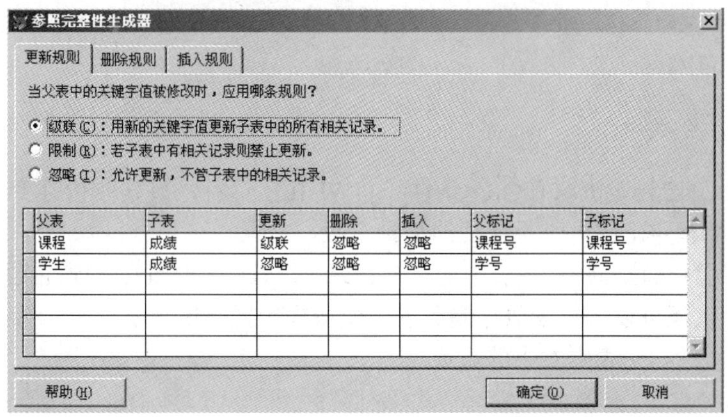

图 3-25　参照完整性生成器

参照完整性规则包括更新规则、删除规则和插入规则。更新规则规定了当更新父表中的连接字段（主关键字）值时，如何处理相关的子表中的记录：若选择“级联”，则用新的连接字段值自动修改子表中的所有相关记录；若选择“限制”，若子表中有相关的记录，则禁止修改父表中的连接字段值：若选择“忽略”，则不做参照完整性检查，即可以随意更新父表记录中的连接字段值。

删除规则规定了当删除父表中的记录时如何处理子表中相关的记录：若选择“级联”，则自动删除子表中的所有相关记录；若选择“限制”，若子表中有相关的记录，则禁止删除父表中的记录；若选择“忽略”，则不做参照完整性检查，即删除父表的记录时与子表无关。

插入规则规定了当在子表中插入记录时是否进行参照完整性检查：若选择“限制”，当父表中没有相匹配的连接字段值，则禁止插入子记录；若选择“忽略”，则不做参照完整性检查，即可以随意插入子记录。

根据以上规则可以为学生管理数据库的学生、课程、成绩 3 个表设计参照完整性：将它们的插入规则设定为“限制”（即插入成绩记录时检查相关的学生和课程是否存在，若不存在，则禁止插入成绩记录）；将它们的删除规则设定为“级联”（即删除学生记录和课程记录时自动删除相关的成绩记录）；将它们的更新规则也设定为“级联”（即修改学生的学号或课程的课程号时也自动修改相关的成绩记录）。

注意： 在设定了参照完整性规则后，表的操作可能不像以前那么方便了。例如，将插入规则设定为“限制”，利用以前的各种插入或追加记录的方法几乎都不能完成所需的操作（即无法插入插入规则为限制子表的记录）。这是因为 APPEND 命令或 INSERT 命令都是先插入一条空记录，然后再编辑、输入各字段的值，这自然就无法通过参照完整性检查。这时可以使用 SQL 的 INSERT 命令插入记录。SQL 命令将在后面单独介绍。

3.6 数据的统计

对表中的数据进行各种统计和汇总是数据库应用的重要内容。在实际应用中，经常要对表中的有关记录或数据进行各种统计。例如，学生成绩表中，统计每门课程有多少学生成绩大于 80 分，有多少学生没有及格，这些都要用到统计命令。Visual FoxPro 提供了计数（COUNT）、求和（SUM）、求平均值（AVERAGE）和分类汇总（TOTAL）等命令，以完成数据统计和汇总工作。

1. 统计记录个数命令

【格式】COUNT [<范围>] [FOR <条件 >] [WHILE <条件>] [TO <内存变量>]

【功能】计算指定范围内满足条件的记录个数。

【说明】使用默认范围时是指表中的全部记录。统计得到的记录数通常显示在主窗口中。若使用 TO 子句，还可以将记录数存储在内存变量中，便于以后引用。

【例 3.20】统计学生表中女生的数量。

```
USE 学生
LIST
```

```
COUNT FOR 性别="女"  to  n
?"女生的人数是：",n
USE
```

2. 求和命令

【格式】SUM [<数值表达式 1>[,<数值表达式 2>] [...]] [<范围>] [FOR <条件 >] [WHILE <条件>] [TO <内存变量表>|ARRAY <数组>]

【功能】在当前表中，对数值表达式表的各个表达式分别求和，并将结果依次存入内存变量表或数组中。

【说明】若省略数值表达式表，则对当前表中所有数值型字段分别求和；使用默认范围时，指表中的全部记录。若有 TO 子句，则命令要求数值表达式的个数和变量的个数一致。

【例 3.21】求在成绩表中学号为 s1 的学生的成绩的总和。

```
USE 成绩
LIST
SUM 成绩 to zcj FOR 学号="s1"
?"学号为 s1 的学生的成绩的总和是：", zcj
USE
```

3. 求平均值命令

【格式】AVERAGE [<数值表达式 1>[,<数值表达式 2>] [...]] [<范围>] [FOR <条件 >] [WHILE <条件>] [TO <内存变量表>|ARRAY <数组>]

【功能】在当前表中，对数值表达式表的各个表达式分别求平均值，并将结果依次存入内存变量表或数组。

【说明】若省略数值表达式表，则对当前表中所有数值型字段分别求平均；使用默认范围时，指表中的全部记录。若有 TO 子句，则命令要求数值表达式的个数和变量的个数一致。

【例 3.22】求在成绩表中学号为 s2 的成绩的平均值。

```
USE 成绩
LIST
AVERAGE 成绩 to pjcj FOR 学号="s2"
?"学号为 s2 的成绩的平均值是：", pjcj
USE
```

4. 分类汇总命令

汇总命令用于对表中数据进行求和。例如，在课程表中按专业类别汇总学分和周课时，在职工工资表中按部门、职称汇总工资，等等。

【格式】TOTAL ON <关键字> TO <文件名> [FIELDS <字段名表>] [<范围>] [FOR <条件 1>] [WHILE <条件 2>]

【功能】在当前表中，分别对关键字段的值相同且相邻的记录，针对数值表达式表中的各个表达式求和，并将结果存储到一个新表中。一组关键字值相同的记录在新表中产生一条记录。对于非数值型字段，只将关键字值相同的第一条记录的字段值存入该记录。

【说明】

1）<关键字>指排序字段或索引关键字，即当前表必须是有序的，否则不能汇总。

2）FIELDS 子句中的数值型字段表指出要汇总的字段，省略时表示对当前表中所有数值型字段进行汇总。

3）省略<范围>则指表中的所有记录。

【例 3.23】在成绩表中求每个学生的总成绩。

```
USE 成绩
INDEX ON 学号 tag xh
LIST
TOTAL ON 学号 TO zcj FIELDS 成绩
USE zcj
LIST
USE
```

5. 计算命令

CALCULATE 命令用于对表中的字段进行统计，其计算工作主要由函数来完成。

【格式】CALCULATE [<表达式表>] [<范围>] [FOR <条件 1>][WHILE <条件 2>][TO <内存变量表>| ARRAY <数组>]

【功能】在当前表文件中，分别计算[<表达式表>]的值。

【说明】[<表达式表>]由下列函数之一构成：求算术平均值函数 AVG(N 型表达式)、求记录数函数 CNT( )、求最大值函数 MAX(表达式)、求最小值函数 MIN(表达式)、求和函数 SUM(N 型表达式)。

【例 3.24】在成绩表中求每个学生成绩中总成绩的最大值、最小值、总和、平均成绩。

```
USE 成绩
INDEX ON  学号 TAG XH
LIST
TOTAL ON 学号 TO  HZ
USE HZ
LIST
CALCULATE MAX(成绩),MIN(成绩),SUM(成绩),AVG(成绩) TO A,B,C,D
USE
```

3.7 多个表的同时使用

前面总是强调对当前表进行操作，似乎默认了在同一时刻只能使用一个表，只能对一个表进行操作，实际并非如此。在 Visual FoxPro 中一次可以打开多个数据库，在每个数据库中都可以打开多个表，另外还可以打开多个自由表。

3.7.1 多工作区的概念

在 FoxPro 中一直沿用了多工作区的概念，在每个工作区中可以打开一个表（即在同一工作区不能同时打开多个表），若在同一时刻需要打开多个表，则只需要在不同的工作区中打开不同的表即可。Visual FoxPro 默认总是在第一个工作区中工作，即以前没有指定工作区，而实际上都是在第 1 个工作区打开表和操作表。

指定工作区的命令如下。

【格式】SELECT nWorkArea|cTableAlias

【说明】工作区号为 1～32767，若为 0 则选择尚未使用的最小工作区。如果在某个工作区已打开了表，若要回到该工作区，可用 cTableAlias，即已打开表的表名或别名。

例如，以下语句分别在第 1、2、3 工作区打开了学生、课程和成绩 3 个表。

```
OPEN DATABASE 学生管理
SELECT 1
USE 学生
SELECT 2
USE 课程
SELECT 3
USE 成绩
```

接着，若要到第 1 个工作区操作学生表，则命令“SELECT 学生”和“SELECT 1”是等价的。

也可以在 USE 命令中直接指定在哪个工作区中打开表。例如：

```
OPEN DATABASE 学生管理
USE 学生 IN 1
USE 课程 IN 2
USE 成绩 IN 3
```

每个表打开后都有两个默认的别名，一个是表名自身，一个是工作区所对应的别名，其中在前 10 个工作区中指定的默认别名是工作区字母 A～J，工作区 11～32767 中指定的别名是 W11～W32767。

另外，还可以在 USE 命令中用 ALIAS 短语指定别名。例如：

```
USE 学生 IN 1 ALIAS student
```

以上命令为学生表指定了别名 student。

3.7.2 使用不同工作区的表

除了可以用 SELECT 命令切换工作区使用不同的表外，也允许在一个工作区中使用另外一个工作区中的表。实际上前面介绍过的某些命令有相关的选项，即短语：

```
IN nWorkArea|cTableAlias
```

其中，用 nWorkArea 指定工作区号或用 cTableAlias 指定表名或表的别名。

例如，当前使用的是第 2 个工作区中的课程表，现在要将第 1 个工作区中的学生表定位在学号为 s2 的记录上，可以使用以下命令。

```
SEEK 's2' ORDER 学号 IN 学生
```

在一个工作区中还可以直接利用表名或表的别名引用另一个表中的数据，具体方法是在别名后加上点号分隔符（.）或操作符（->）（.和->具有相同的作用），然后再接字段名。例如，当前使用的是第 2 个工作区中的课程表，现在要显示第 1 个工作区中的学生表的学号和姓名字段的值，可以使用以下命令。

```
? 学生.学号, 学生->姓名
```

3.7.3 表之间的关联

在前面介绍参照数据完整性时介绍了表之间的关联或联系，它们是基于索引建立的一种“永久联系”，这种联系存储在数据库中，可以在查询设计器或视图设计器中自动作为默认连接条件使用的数据库表之间的关联。永久联系在数据库设计器中显示为表索引间的连接线。

虽然永久联系在每次使用表时不需要重新建立，但永久联系不能控制不同工作区中记录指针的关系。所以在开发 Visual FoxPro 应用程序时，不仅需要使用永久联系，有时也需使用能够控制表间记录指针关系的临时联系，这种临时联系是用 SET RELATION 命令建立的。

SET RELATION 命令的语法格式如下。

【格式】SET RELATION TO eExpression1 INTO nWorkArea1|cTableAlias1

【说明】eExpression 指定建立临时联系的索引关键字，一般应是父表的主索引，子表的普通索引。相关联的子表要在关联的关键字段上建立普通索引。

例如，以下命令通过“学号”索引建立了当前表（学生）和成绩表之间的临时联系。

```
OPEN DATABASE 学生管理
USE 学生 IN 1 ORDER 学号
USE 成绩 IN 2 ORDER 学号
SET RELATION TO 学号 INTO 成绩
```

这样，当学生记录的指针变动时，成绩记录的指针也随之变动。例如，当学生记录的指针指向学号为 s2 的记录时，成绩记录的指针会自动指向学号为 s2 的第 1 条记录。当临时联系不再需要时可以使用取消命令：

```
SET RELATION TO
```

以上命令将取消当前表到所有表的临时联系。如果只是取消某个具体的临时联系，应该使用以下命令。

```
SET RELATION OFF INTO nWorkArea|cTableAlias
```

3.8 排　　序

索引可以使人们按照某种顺序浏览或查找表中的记录，这时的顺序是存在逻辑的，是通过索引关键字实现的顺序重新排列。Visual FoxPro 从一开始就提供了一种物理排序的命令 SORT，它可以将表中的记录物理地按顺序重新排列。

【格式】SORT TO TableName ON FieldName1 [/A|/D][/C] [,FieldName2 [/A|/D][/C] …] [ASCENDING|DESCENDING][FOR lExpression1] [FIELDS FieldNameList]

【说明】

1）排序后生成新表 TableName，FieldName1、FieldName2 等为排序的字段，可以在多个字段上进行排序。

2）/A 表示升序，/D 表示降序，/C 表示排序时不区分大小写字母。

3）ASCENDING 或 DESCENDING 指出除用/A、/D 指明了排序方式或字段外，所有其他排序字段按升序或降序排列。

4）FOR 给出参加排序的记录满足的条件。

5）[Fields FieldsNamelist]给出排序后表所包含的字段列表。

索引和排序的区别如下。

1）排序的关键字只能是字段名，而索引的关键字可以是表达式。

2）排序产生一个新的表文件（扩展名仍为.dbf），索引也产生一个新的索引文件（扩展名为.idx 或.cdx），且索引文件不改变原文件记录的物理顺序。

3）排序文件占用存储空间大，索引文件占用的存储空间小。

4）排序文件能单独打开使用，索引文件必须在表文件打开后才能被打开使用。

【例 3.25】对学生表中的记录按“年龄”字段的值进行升序排列，排序后的记录存入新表 XSNL 中。

```
CLOSE ALL
USE 学生
SORT  TO  XSNL  ON 年龄/A
USE XSNL
LIST
```

显示结果如下。

记录号	学号	姓名	年龄	性别	院系编号	照片	简历
1	s1	徐啸	17	女	2	gen	memo
2	s2	辛国年	18	男	6	gen	memo
3	s7	王克非	18	男	5	gen	memo
4	s5	张激扬	19	男	6	gen	memo
5	s8	王刃	19	男	4	gen	memo
6	s3	徐玮	22	女	1	gen	memo
7	s4	邓一欧	21	男	6	gen	memo
8	s6	张辉	22	女	3	gen	memo

【例 3.26】对学生表中所有男生按年龄降序排序，将结果保存到 XSNLXB 表中，并要求新表 XSNLXB 中只包含“姓名”、“年龄”、“性别”3 个字段。

```
USE 学生
```

```
CLEAR
SORT TO XSNLXB ON 年龄/D FIELDS  姓名,年龄,性别 FOR 性别="男"
USE XSNLXB
LIST
```

显示结果如下。

记录号	姓名	年龄	性别
1	邓一欧	21	男
2	张激扬	19	男
3	王刃	19	男
4	辛国年	18	男
5	王克非	18	男

习 题 3

一、选择题

1. CREATE DATABASE 命令用来建立（　　）。
   A. 数据库　　B. 关系　　C. 表　　D. 数据文件
2. 假设表文件 TEST.DBF 已经在当前工作区打开，要修改其结构，可使用的命令（　　）。
   A. MODI STRU　　B. MODI COMM TEST
   C. MODI DBF　　D. MODI TYPE TEST
3. 在 Visual FoxPro 中，打开一个数据表文件的命令是（　　）。
   A. OPEN DATABASE<数据表文件名>　　B. USE<数据表文件名>
   C. OPEN<数据表文件名>　　D. CREATE<数据表文件名>
4. 在 Visual FoxPro 中，打开数据库文件的命令是（　　）
   A. CREATE DATABASE <数据库名>
   B. OPEN DATABASE <数据库名>
   C. CREATE <数据库名>
   D. OPEN <数据库名>
5. Visual FoxPro 在创建数据库时建立了扩展名分别为（　　）的文件。
   A. .dbc　　B. .dct　　C. .dcx　　D. 以上均是
6. 扩展名为.dbc 的文件表示（　　）。
   A. 表文件　　B. 备份文件　　C. 数据库文件　　D. 项目文件
7. Visual FoxPro 不支持的数据类型有（　　）。
   A. 字符型　　B. 货币型　　C. 备注型　　D. 常量型
8. 下列（　　）命令不能关闭当前打开的数据表。
   A. CLEAR　　B. CLOSE　ALL　　C. USE　　D. CLOSE TABLE
9. 下面给出的参数，（　　）不是表中字段的参数。
   A. 字段名　　B. 字符宽度　　C. 字段类型　　D. 字段个数

10．将学生的自传存储在表中，应采用（　　）字段。

A．字符型　　B．通用型　　C．逻辑型　　D．备注型

11．在 Visual FoxPro 中，APPEND 命令的作用是（　　）。

A．在表的任意位置添加记录　　B．在当前记录之前插入新记录

C．在表的尾部添加记录　　D．在表的首部添加记录

12．在 Visual FoxPro 中，浏览表记录的命令是（　　）。

A．USE　　B．BROWSE　　C．MODIFY　　D．CLOSE

13．以下关于空值（NULL 值）的叙述正确的是（　　）。

A．空值等于空字符串　　B．空值等同于数值 0

C．空值表示字段或变量还没有确定的值　　D．Visual FoxPro 不支持空值

14．以下（　　）命令能够恢复已被逻辑删除的数据记录。

A．DELETE　　B．PACK　　C．RECALL　　D．ZAP

15．Visual FoxPro 中的逻辑删除是指（　　）。

A．真正从磁盘上删除表及记录

B．逻辑删除是在记录旁做删除标志，不可以恢复记录

C．真正从表中删除记录

D．逻辑删除只是在记录旁做删除标志，必要时可以恢复记录

16．在 Visual FoxPro 中，下列描述正确的是（　　）。

A．数据库表允许对字段设置默认值

B．自由表允许对字段设置默认值

C．自由表和数据库表都允许对字段设置默认值

D．自由表和数据库表都不允许对字段设置默认值

17．在向数据库添加表的操作中，下列叙述中不正确的是（　　）。

A．可以将一个自由表添加到数据库中

B．可以将已属于一个数据库的表添加到另一数据库中

C．可以在项目管理器中将自由表拖放到数据库中

D．欲使一个数据库表成为另一个数据库表，则必须先使它成为自由表

18．配置 Visual FoxPro 的属性环境，应选择（　　）菜单中的“选型”命令。

A．编辑　　B．视图　　C．格式　　D．工具

19．一个表的全部备注字段的内容存储在（　　）中。

A．不同表备注文件　　B．同一表备注文件

C．同一数据库文件　　D．不同数据库文件

20．若当前数据库表共有 10 条记录，且无索引文件处于打开状态，执行命令 GO 5 后接着执行命令 INSERT BLANK BEFORE，则此时记录指针指向第（　　）记录。

A．4　　B．5　　C．6　　D．11

21．数据表文件有 20 条记录，当前记录号为 10，执行 LIST NEXT 5 以后，所显示记录的序号是（　　）。

A．11～15　　B．11～16　　C．10～15　　D．10～14

22．使用 LIST NEXT 1 命令后，记录指针指向（　　）。

A．下一条记录　B．首记录　C．原来记录　D．尾记录

23．数据表中的“婚否”字段为逻辑型，要显示所有已婚人的信息，应使用命令（　　）。

A．LIST FOR 婚否　B．LIST FOR 婚否="真"

C．LIST FOR 婚否="已婚"　D．LIST 婚否

24．已知“是否通过”字段为逻辑型，不能显示所有未通过的记录应使用命令（　　）。

A．LIST FOR 是否通过=.F.　B．LIST FOR 是否通过<>.T.

C．LIST FOR “是否通过”　D．LIST FOR NOT 是否通过

25．打开“图书”表及索引文件（对价格字段的），假定当前记录号为 40，欲使用记录指针指向记录号为 100 的记录，应使用命令（　　）。

A．LOCATE FOR 记录序号=100　B．SKIP 100

C．GOTO 100　D．SKIP TO 100

26．假设数据表文件中共有 50 条记录，执行命令 GO BOTTOM 后，记录指针指向记录的序号是（　　）。

A．1　B．50　C．51　D．EOF( )

27．使用 SEEK 命令搜索表中出生日期为 01/23/1996 的记录，应使用（　　）命令。

A．SEEK {^1996/01/23}　B．SEEK {01/23/96}

C．SEEK {96/01/23}　D．SEEK {01/23/1996}

28．重建索引的命令是（　　）。

A．REINDEX　B．USE INDEX

C．INDEX AGAIN　D．AGAIN INDEX

29．使用索引的主要目的是（　　）。

A．提高查询速度　B．节省存储空间

C．防止数据丢失　D．方便管理

30．每一个表只能有一个（　　）索引。

A．主　B．候选　C．唯一　D．普通

31．执行命令“INDEX ON 姓名 TAG INDEX_ NAME”建立索引后，下列叙述错误的是（　　）。

A．此命令所建立的索引是当前有效索引

B．此命令所建立的索引将保存在.IDX 文件中

C．表中记录按索引表达式升序排序

D．此命令的索引表达式是“姓名”，索引标识名是“INDEX_ NAME”

32．有一学生表文件，且通过表设计器已经为该表建立了若干普通索引。其中一个索引的索引表达式为“姓名”字段，索引名为“XM”。现假设学生表已经打开，且处于当前工作区中，那么可以将上述索引设置为当前索引的命令是（　　）。

A．SET INDEX TO 姓名　B．SET INDEX TO XM

C．SET ORDER TO 姓名　D．SET ORDER TO XM

33．使用 INDEX 命令建立降序索引时，应选参数（　　）。

A．ASCENDING　B．DESCENDING　C．ADDITIVE　D．UNIQUE

34．执行不带索引文件名的 SET INDEX TO 命令的作用是（　　）。

A．关闭索引文件　　B．打开所有索引文件

C．删除索引文件　　D．重新建立索引

35．假设工资表中按基本工资升序索引后，并执行过赋值语句 N=800，则下列各条命令中，错误的是（　　）。

A．SEEK N　　B．SEEK FOR 基本工资=N

C．FIND 800　　D．LOCATE FOR 基本工资=N

36．为当前表中的所有学生的总分增加 10 分，可以使用的命令是（　　）。

A．CHANGE 总分 WITH 总分+10

B．REPLACE 总分 WITH 总分+10

C．CHANGE ALL 总分 WITH 总分+10

D．REPLACE ALL 总分 WITH 总分+10

37．要删除表中“年龄”字段中的所有值，其他字段值保持不变，应输入（　　）。

A．REPL ALL 年龄 WITH 1　　B．REPL ALL 年龄 WITH 0

C．REPL ALL 年龄　　D．REPL 年龄 ALL

38．若指定参照完整性的删除规则为“级联”，则当删除父表中的记录时（　　）。

A．系统自动备份父表中被删除记录到一个新表中

B．若子表中有相关记录，则禁止删除父表中记录

C．会自动删除子表中所有相关记录

D．不做参照完整性检查，删除父表记录与子表无关

39．在 Visual FoxPro 的参照完整性规则不包括（　　）。

A．更新规则　　B．删除规则　　C．查询规则　　D．插入规则

40．在表设计器的字段选项卡中，字段有效性的设置中不包括（　　）。

A．规则　　B．信息　　C．默认值　　D．标题

41．在 Visual FoxPro 中，若所建立索引的字段值不允许重复，并且一个表中只能创建一个，这种索引应该是（　　）。

A．主索引　　B．唯一索引　　C．候选索引　　D．普通索引

42．某数据库文件有字符型、数值型和逻辑型三个字段，其中字符型字段宽度为 5，数值型字段宽度为 6，小数位为 2，库文件中共有 100 条记录，则全部记录需要占用的存储空间字节数是（　　）。

A．1100　　B．1200　　C．1300　　D．1400

43．使用 REPLACE 命令时，若范围短语为 ALL 或 REST，则执行该命令后记录指针指向（　　）。

A．末记录　　B．首记录

C．文件结束标识符　　D．首记录的前面

44．执行下列一组命令后，选择“图书”表所在工作区的错误命令是（　　）。

```
CLOSE ALL
```

```
USE 借阅 IN 0
USE 图书 IN 0
```

A．SELECT 图书　B．SELECT 0　C．SELECT 2　D．SELECT B

45．使用 SORT 命令可以生成（　　）文件。

A．数据库　B．索引　C．表　D．程序

46．使用 SORT 命令可以为（　　）关键字进行排序。

A．仅一个　B．只能两个　C．不能超过三个　D．多个

47．使用 SORT 命令，若选择了参数（　　），则表示排序时字母数据不区分大小写。

A．/A　B．/B　C．/C　D．/D

48．使用 SORT 命令默认的排序方式是（　　）。

A．无　B．升　C．降　D．乱

二、填空题

1．在 Visual FoxPro 中，打开数据库设计器的命令是________。

2．定位记录时，可以用________命令向前或向后移动若干条记录位置。

3．以分屏输出方式显示表结构的命令是________。

4．假设目前已打开表和索引文件，要确保记录指针定位在记录号为 1 的记录上，应使用________命令。

5．在 Visual FoxPro 中，在当前打开的表中物理删除带有删除标记记录的命令是________。

6．不带条件的 DELETE 命令将删除指定表的________记录。

7．在 Visual FoxPro 中，恢复逻辑删除的记录的命令是________。

8．在定义字段有效性规则时，在“规则”编辑中输入的表达式类型是________。

9．在 Visual FoxPro 中，指定从当前记录开始直到表文件的最后一条记录进行操作的范围子句是________。

10．人员基本信息一般包括身份证号、姓名、性别、年龄等，其中可以作为主关键字的是________。

11．逻辑删除表中所有的记录应使用的命令是________。

12．在 Visual FoxPro 中，浏览表记录的命令是________。

13．在浏览窗口中要追加新记录，可以使用________组合键。

14．当前指针在 1 号记录，要在当前表中第 1 条记录和第 2 条记录之间插入一条新记录，可以使用________命令。

15．要切换至未被占用的最小号工作区应执行________命令。

16．数据库文件是由扩展名分别为.dbc、.dct 和________的三个文件所构成的。

17．在 Visual FoxPro 中，若当前表已经打开，打开表设计器的命令是________。

18．所谓自由表就是那些不属于任何________的表。

19．记录指针绝对移动的命令可以是 GO 或________。

20．在浏览窗口中要删除某个记录，选定想要删除的记录，再按________键，该记录删除框变黑。

21．设数据表已在当前工作区打开，若要在当前记录的前面增加一个空记录，应使用命令________。

22．COUNT、SUM 和 AVERAGE 命令中省略[范围]短语时，是指表中的________记录。

23．建立索引的依据是________。

24．设计器是创建和修改应用系统的可视化工具，如果要在设计器中新建和查看不同的表及其关系，应使用________。

25．索引一旦建立，它将决定数据表中记录的________顺序。

26．永久关系建立后存储在________中，只要不做删除或变化就一直保存。

27．自由表的索引类型可以有唯一索引、候选索引和________索引。

28．在 Visual FoxPro 中，主索引可以保证数据的________完整性。

29．同一个表的多个索引可以创建在一个索引文件中，索引文件名与相关的表同名，索引文件的扩展名是________。

30．数据库表之间的一对多联系可通过主表的________索引和子表的________索引来实现。

第 4 章　结构化查询语言 SQL

结构化查询语言（structured query language，SQL）最早是 IBM 公司的圣约瑟研究实验室为其关系数据库管理系统 SYSTEM R 开发的一种查询语言，它的前身是 SQUARE 语言。SQL 结构简洁、功能强大、简单易学，所以自 1981 年推出以来，得到了广泛的应用。

自 SQL 成为国际标准语言以后，各个数据库厂家纷纷推出各自的 SQL 软件或与 SQL 接口的软件，这就使大多数数据库均用 SQL 作为共同的数据存取语言和标准接口，使不同数据库系统之间的交互操作有了共同的基础，意义十分重大，因此，有人把确立 SQL 为关系数据库语言标准及其后的发展称为一场革命。

4.1　SQL 概述

SQL 是一种介于关系代数与关系演算之间的结构化查询语言，其功能并不仅仅是查询。SQL 是一种通用的、功能强大的关系数据库语言。

4.1.1　SQL 的特点

SQL 之所以能够为用户和业界所接受，并成为国际标准，是因为它是一个综合的、功能强大的同时又简洁易学的语言。SQL 集数据查询（data query）、数据操纵（data manipulation）、数据定义（data definition）和数据控制（data control）功能于一体，其主要特点如下。

（1）综合统一

数据库系统的主要功能是通过数据库支持的数据语言来实现的。SQL 的语言风格统一，可以独立完成数据库生命周期中的全部活动，包括定义关系模式、插入数据、建立数据库、查询、更新、维护、数据库重构、数据库安全性控制等一系列操作要求，这就为数据库应用系统的开发提供了良好的环境。用户在数据库系统投入运行后，还可根据需要随时、逐步地修改模式，且不影响数据库的运行，从而使系统具有良好的可扩展性。

另外，在关系模型中实体间联系均用关系表示，这种数据结构的单一性带来了数据操作符的统一，查找、插入、删除、修改等操作都只需一种操作符，从而解决了非关系系统由于信息表示方式的多样性带来的操作复杂性。

（2）高度非过程化

用 SQL 进行数据操作，只需提出“做什么”，而无需指明“怎么做”，因此无需了解存取路径，存取路径的选择及 SQL 语句的操作过程由系统自动完成。这不但大大简化了用户的工作，而且有利于提高数据独立性。

（3）面向集合的操作方式

SQL 采用集合操作方式，不仅操作对象、查找结果可以是记录的集合，而且一次插入、删除、更新操作的对象也可以是记录的集合。

（4）以同一种语法结构提供两种使用方式

SQL 既是自含式语言，又是嵌入式语言。作为自含式语言，它能够独立地用于联机交互的使用方式，用户可以在终端键盘上直接输入 SQL 命令对数据库进行操作；作为嵌入式语言，SQL 语句能够嵌入到高级语言（如 C、COBOL、FORTRAN、PL/1 等）程序中，供程序员设计程序时使用。而在两种不同的使用方式下，SQL 的语法结构基本上是一致的。这种以统一的语法结构提供两种不同的使用方式的做法，为用户提供了极大的灵活性与方便性。

（5）语言简洁、易学易用

SQL 功能强大，但由于设计巧妙，语言十分简洁，完成核心功能只用了 9 个动词，如表 4-1 所示。SQL 接近英语口语，因此易学、易用。

表 4-1　SQL 的动词

SQL 功能	动　词
数据查询	SELECT
数据定义	CREATE、DROP、ALTER
数据操纵	INSERT、UPDATE、DELETE
数据控制	GRANT、REVOKE

4.1.2　SQL 的基本概念

SQL 的基本概念有两个：基本表和视图。

- 基本表（base table）：独立存在的表，而不是由其他表导出的表。一个关系对应一个基本表，一个或多个基本表对应一个存储文件。
- 视图（view）：一个虚拟的表，是从一个或几个基本表导出的表。它本身不独立存在于数据库中，数据库中只存放视图的定义而不存放视图对应的数据，这些数据仍存放在导出视图的基本表中。当基本表中的数据发生变化时，从视图中查询出来的数据也随之改变。

4.2　数 据 定 义

SQL 的数据定义功能包括定义表和定义视图。

视图是基于基本表的虚表，因此 SQL 通常不提供修改视图定义的操作。用户如果想修改视图定义，只能先将它删除，然后再重建。本节只介绍如何定义基本表，视图的概念及其定义方法将在 4.5 节讨论。

4.2.1　定义基本表

建立数据库最重要的一步就是建立一些基本表。SQL 语言使用 CREAT TABLE 语句定义基本表，其语法格式如下。

【格式】CREATE TABLE　<表名>(<字段名 1> <类型> [（宽度[,小数位数]）];

[NOT NULL|NULL] [PRIMARY KEY] [DEFAULT 表达式 1] ;

[CHECK 逻辑表达式 1] [ERROR 字符表达式 1] [,<字段名 2>;

<类型> [(宽度[,小数位数])];
[NOT NULL|NULL] [PRIMARY KEY] [DEFAULT 表达式 2] ;
[CHECK 逻辑表达式 2] [ERROR 字符表达式 2]]…)

【说明】

1）NULL 子句定义字段可以为空值。

2）NOT NULL 子句定义字段不能为空值。

3）PRIMARY KEY 子句定义表的主索引。

4）DEFAULT 子句定义字段的默认值，默认值的类型应和字段类型相同。

5）CHECK 子句定义字段的有效性规则。

6）ERROR 子句定义当表中的记录违反字段有效性规则时系统提示的错误信息。

【例 4.1】建立一个学生表“学生”，它由学号、姓名、性别、年龄、院系编号五个字段组成。其中，学号不能为空，值是唯一的，且姓名取值也唯一。

```
CREATE TABLE 学生
(学号 C(2) PRIMARY KEY, ;
姓名 C(8),性别 C(2),年龄 I,;
院系编号 C(2))
```

系统执行上面的 CREATE TABLE 语句后，就在数据库中建立一个新的空的学生表“学生”，定义表的各个属性时需要指明其数据类型及长度。

4.2.2 修改表的结构

随着应用环境和应用需求的变化，有时需要修改已建立好的基本表。SQL 用 ALTER TABLE 语句修改表的结构，包括增加字段、删除字段、修改字段。对于基本表，可以使用 ALTER TABLE 命令增加、删除、修改数据完整性规则。

1. 增加字段

【格式】ALTER TABLE <表名> ADD <字段名 1> <数据类型> [（宽度 [,小数位数]）];
[NOT NULL|NULL] [PRIMARY KEY] [DEFAULT 表达式 1] [CHECK 逻辑表达式 1];
[ERROR 字符表达式 1] ADD <字段名 2> <数据类型> [(宽度 [,小数位数])];
[NOT NULL|NULL] [PRIMARY KEY] [DEFAULT 表达式 2] [CHECK 逻辑表达式 2];
[ERROR 字符表达式 2]…

【说明】其中，<表名>是要修改的基本表，ADD 子句用于增加新列和新的完整性约束条件。

【例 4.2】向学生表增加“入学时间”列，其数据类型为日期型。

```
ALTER TABLE 学生 ADD 入学时间 D
```

2. 删除字段

【格式】ALTER TABLE <表名> DROP [COLUMN] 字段名 1 [DROP [COLUMN] 字段名 2]…

【例 4.3】删除学生表中的“学号”和“院系编号”两个字段。

```
ALTER TABLE 学生 DROP 学号 DROP 院系编号
```

3. 修改字段名

【格式】ALTER TABLE <表名> RENAME [COLUMN] <字段名> TO <新字段名>
【例 4.4】将学生表的“姓名”字段名称修改为“学生姓名”。

```
ALTER TABLE 学生 RENAME 姓名 TO 学生姓名
```

4. 修改字段宽度类型

【格式】ALTER TABLE <表名> ALTER <字段名 1> <类型> [(宽度[,小数位数])] ;
ALTER <字段名 2> <类型> [(宽度[,小数位数])]…
【例 4.5】将学生表的学号字段宽度改为 12。

```
ALTER TABLE 学生 ALTER 学号 C(12)
```

4.2.3 删除基本表

当不再需要某个基本表时，可以使用 DROP TABLE 语句删除。删除基本表的语法格式如下。

【格式】DROP TABLE <表名>
【例 4.6】删除学生表。

```
DROP TABLE 学生
```

基本表一旦删除，表中的数据、此表上建立的索引和视图都将自动被删除。因此执行删除基本表的操作一定要格外小心。

4.3 数 据 操 纵

SQL 中的数据操纵包括插入数据、修改数据和删除数据。

4.3.1 插入数据

插入记录的语法格式如下。

【格式】
INSERT INTO <表名> [（<字段名 1>[,<字段名 2>...]）]
VALUES（<表达式 1>[,<表达式 2>...]）
【功能】将新记录插入指定表中。其中新记录字段名 1 的值为表达式 1，字段名 2 的值为表达式 2……INTO 子句中没有出现的字段名，新记录在这些列上将取空值。

但必须注意的是，在表定义时说明了 NOT NULL 的字段不能取空值，否则会出错。

若 INTO 子句中没有指明任何字段名，则新插入的记录必须在每个字段上均有值。

【例 4.7】将一个新学生记录（学号：s9；姓名：王冬；年龄：19 岁；性别：女；院系编

号：4）插入到学生表中。

```
INSERT INTO 学生 VALUES('s9', '王冬', 19, '女', '4')
```

【例 4.8】插入一条成绩记录（学号：s3；成绩：80）。

```
INSERT INTO 成绩（学号,成绩） VALUES ('s3',80)
```

新插入的记录在课程号列上取空值。

4.3.2 修改数据

修改数据的语法格式如下。

【格式】UPDATE <表名> SET<字段名>=<表达式> [，<字段名 2>=<表达式 2>]...[WHERE<条件>]

【功能】修改指定表中满足 WHERE 子句条件的记录。

【说明】其中 SET 子句给出<表达式>的值，用于取代相应的字段值。如果省略 WHERE 子句，则表示要修改表中的所有记录。

1. 修改某一个记录的值

【例 4.9】将学号为 s9 的学生记录的年龄改为 22 岁。

```
UPDATE 学生 SET 年龄=22 WHERE 学号='s9'
```

2. 修改多个记录的值

【例 4.10】将所有学生的年龄增加 1 岁。

```
UPDATE 学生 SET 年龄=年龄+1
```

4.3.3 删除数据

删除数据的语法格式如下。

【格式】DELETE FROM<表名> [WHERE<条件>]

【功能】从指定表中删除满足 WHERE 子句条件的记录。

【说明】如果省略 WHERE 子句，表示删除表中全部记录。

1. 删除某一个元组的值

【例 4.11】删除学号为 s9 的学生记录。

```
DELETE FROM 学生 WHERE 学号='s9'
```

2. 删除多个元组的值

【例 4.12】删除所有的学生成绩记录。

```
DELETE FROM 成绩
```

以上语句将逻辑删除成绩表中的所有记录，若要物理删除记录，则需要继续使用 PACK 命令。

4.4 数据查询

SQL 的核心是查询。SQL 的查询命令也称为 SQL SELECT 命令，该命令使用非常灵活，可以完成复杂的查询。

4.4.1 SELECT 语句应用

【格式】SELECT[ALL|DISTINCT]<字段名>[别名][,<字段名>[别名]]...
FROM<表名或视图名>[别名][,<表名或视图名>[别名]]...
[WHERE<条件表达式>]
[GROUP BY <字段名>[HAVING <条件表达式>]]
[ORDER BY <字段名>[ASC|DESC]]

【说明】

1）SELECT：指明查询结果中包含的字段或字段列表。
2）FROM：指明从哪（几）个表中进行查询。
3）WHERE：指明查询结果必须满足的条件。
4）GROUP BY：指明查询结果按照哪些字段进行分组。
5）HAVING：必须跟随 GROUP BY 使用，指明分组条件。
6）ORDER BY：对查询结果进行排序。

4.4.2 基本查询

1. 选择表中的若干字段

选择表中的全部字段或部分字段，就是投影运算。

（1）查询指定字段

在很多情况下，用户只对表中的一部分字段感兴趣，这时可以通过 SELECT 子句指定要查询的字段。

【例 4.13】查询全体学生的学号与姓名。

```
SELECT 学号,姓名  FROM  学生
```

SELECE 指定的各个字段的先后顺序可以与表中的顺序不一致。用户可以根据需要改变字段的显示顺序。

（2）查询全部字段

将表中的所有属性列都选出来有两种方法。一种方法是在 SELECT 关键字后面列出所有字段名，另一种方法是简单地用星号（*）来指定。

【例 4.14】查询全体学生的详细记录。

```
SELECT  *  FROM  学生
```

2. 选择表中的若干记录

（1）消除取值重复的行

【例 4.15】查询选修了课程的学生学号。

```
SELECT 学号 FROM 成绩
```

假设成绩表中包含如表 4-2 所示数据，执行上面的 SELECT 语句后，显示结果如下。

```
学号
s1
s1
s1
s2
s2
```

表 4-2　成绩表

学号	课程号	成绩
s1	c1	92
s1	c2	85
s1	c3	88
s2	c2	90
s2	c3	80

该查询结果中包含了许多重复的行。如果想去掉结果表中的重复行，必须指定DISTINCT短语：

```
SELECT DISTINCT 学号 FROM 成绩
```

显示结果如下。

```
学号
s1
s2
```

若没有指定 DISTINCT 短语，则省略全部记录，即保留结果表中取值重复的行。

（2）查询满足条件的记录

查询满足指定条件的记录可以通过 WHERE 子句实现。WHERE 子句常用的查询条件如表 4-3 所示。

表 4-3　常用的查询条件

查询条件	谓　词
比较	=，>，<，>=，<=，!= ，#，<>，$
确定范围	BETWEEN AND，NOT BETWEEN AND
确定集合	IN，NOT IN
字符匹配	LIKE，NOT LIKE
空值	IS NULL
多重条件	AND，OR

1）比较大小：用于进行比较的运算符一般包括=（等于）、>（大于）、<（小于）、>=（大于等于）、<=（小于等于）、!=、#或<>（不等于）、$（子串包含测试）。

【例 4.16】查询院系编号为“01”的学生名单。

```
SELECT 姓名 FROM 学生 WHERE 院系编号='01'
```

【例 4.17】查询所有年龄在 23 岁以下的学生姓名及其年龄。

```
SELECT 姓名,年龄 FROM 学生 WHERE 年龄<23
```

【例 4.18】查询考试成绩有不及格的学生的学号。

```
SELECT DISTINCT 学号 FROM 成绩 WHERE 成绩<60
```

这里使用了 DISTINCT 短语，当一名学生有多门课程不及格，他的学号也只列一次。

2）确定范围：BETWEEN... AND...（或 NOT BETWEEN... AND...）可以用来查找字段值在（或不在）指定范围内的记录，其中 BETWEEN 后是范围的下限（即低值），AND 后是范围的上限（即高值）。

【例 4.19】查询年龄在 20～23 岁（包括 20 岁和 23 岁）的学生的姓名、院系编号和年龄。

```
SELECT 姓名,院系编号,年龄 FROM 学生 WHERE 年龄 BETWEEN 20 AND 23
```

【例 4.20】查询年龄不在 18～20 岁的学生的姓名、院系编号和年龄。

```
SELECT 姓名,院系编号,年龄;
FROM 学生;
WHERE 年龄 NOT BETWEEN 18 AND 20
```

3）确定集合：IN 可以用来查找字段值属于指定集合的记录。

【例 4.21】查询院系编号为“02”、“04”和“06”学生的姓名和性别。

```
SELECT 姓名,性别 FROM 学生 WHERE 院系编号 IN('02', '04', '06')
```

这里 IN 相当于集合运算符。

与 IN 相对的谓词是 NOT IN，用于查找字段值不属于指定集合的记录。

4）字符匹配：LIKE 可以用来进行字符串的匹配。其语法格式如下。

【格式】LIKE '<匹配串>'

【说明】其含义是查找指定的字段值与<匹配串>相匹配的记录，<匹配串>可以是一个完整的字符串，也可以包含通配符“%”和“_”。其中，“%”代表任意长度（长度可以为 0）的字符串。例如，a%b 表示以 a 开头，以 b 结尾的任意长度的字符串，如 acb、addgb、ab 等都满足该条件匹配串。“_”代表任意单个字符。注意，一个汉字用一个“_”代表。例如，a_b 表示以 a 开头，以 b 结尾的长度为 3 的任意字符串，如 acb、afb 等都满足该条件匹配串。

【例 4.22】查询学号为 s1 的学生的详细情况。

```
SELECT  *  FROM 学生  WHERE 学号 LIKE 's1'
```

等价于：

```
SELECT  *  FROM 学生  WHERE 学号='s1'
```

若 LIKE 后面的匹配串中不含通配符，则可以用“=”（等于）运算符取代 LIKE，用“!=”或“<>”（不等于）运算符取代 NOT LIKE。

【例 4.23】查询所有姓刘的学生的姓名、学号和性别。

```
SELECT 姓名,学号,性别 FROM 学生  WHERE 姓名 LIKE '刘%'
```

【例 4.24】查询姓欧阳且全名为三个汉字的学生的姓名。

```
SELECT 姓名 FROM 学生  WHERE 姓名 LIKE '欧阳_'
```

【例 4.25】查询名字中第三个字为“明”字的学生的姓名和学号。

```
SELECT 姓名,学号 FROM 学生  WHERE 姓名 LIKE '_明%'
```

【例 4.26】查询所有不姓王的学生的姓名。

```
SELECT 姓名 FROM 学生  WHERE 姓名 NOT LIKE '王%'
```

5）涉及空值的查询。

【例 4.27】某些学生选修课程后没有参加考试，所以有选课记录，但没有考试成绩。现查询缺少成绩的学生的学号和相应的课程号。

```
SELECT 学号,课程号 FROM 成绩 WHERE 成绩 IS NULL
```

注意：这里的“IS”不能用等号（=）代替。

【例 4.28】查询所有有成绩的学生学号和课程号。

```
SELECT 学号,课程号 FROM 成绩  WHERE 成绩 IS NOT NULL
```

6）多重条件查询：逻辑运算符 AND 和 OR 可用来联接多个查询条件。AND 的优先级高于 OR，但可以用括号改变优先级。

【例 4.29】查询院系编号为 03，年龄在 20 岁以下的学生的姓名。

```
SELECT 姓名 FROM 学生  WHERE 院系编号='03' AND 年龄<20
```

例 4.21 中的 IN 实际上是多个 OR 运算符的缩写，因此例 4.21 中的查询也可以用 OR 运算符写成如下等价形式。

```
SELECT 姓名,性别;
FROM 学生;
WHERE 院系编号='01' OR 院系编号='02' OR 院系编号='03'
```

4.4.3 排序、计算查询与分组

1. 排序

可以使用 ORDER BY 子句对查询结果按照一个或多个字段升序（ASC）或降序（DESC）排序，默认为升序。

【例 4.30】查询选修了 c3 号课程的学生的学号及其成绩，查询结果按分数降序排序。

```
SELECT 学号,成绩 FROM 成绩 WHERE 课程号='c3'  ORDER BY 成绩 DESC
```

对于空值（NULL 值），若按降序排列，含空值的记录将显示在最后。若按升序排列，空值的记录将显示在最前。也就是说系统认为空值最小。

【例 4.31】查询全体学生情况，查询结果按所在系的系号升序排列，同一系中的学生按年龄降序排列。

```
SELECT  *  FROM 学生  ORDER BY 院系编号,年龄 DESC
```

2. 简单的计算查询

为了进一步增强检索功能，SQL 提供了许多统计函数，分别如下。

COUNT：统计记录个数。

SUM：计算字段值的总和（此列必须是数值型）。

AVG：计算字段值的平均值（此列必须是数值型）。

MAX：求字段值中的最大值。

MIN：求字段值中的最小值。

【例 4.32】查询学生总人数。

```
SELECT COUNT(*) FROM 学生
```

【例 4.33】查询选修了课程的学生人数。

```
SELECT COUNT(DISTINCT 学号) FROM 成绩
```

学生每选修一门课，在成绩表中都有一条相应的记录。一个学生要选修多门课程，为避免重复计算学生人数，必须在 COUNT 函数中用 DISTINCT 短语。

【例 4.34】计算 c1 号课程的学生平均成绩。

```
SELECT AVG(成绩)  FROM 成绩  WHERE 课程号='c1'
```

【例 4.35】查询选修 c1 号课程的学生最高分数。

```
SELECT MAX(成绩)  FROM 成绩 WHERE 课程号='c1'
```

3. 对查询结果分组

GROUP BY 子句将查询结果表按某一个或多个字段值进行分组，值相等的为一组。如果未对查询结果分组，统计函数将作用于整个查询结果，如例 4.32～例 4.35。分组后统计函数将作用于每一个组，即每一组都有一个函数值。

【例 4.36】求各个课程号及相应的选课人数。

```
SELECT 课程号,COUNT(学号)  FROM 成绩  GROUP BY 课程号
```

该语句对查询结果按课程号的值分组，所有具有相同课程号的记录为一组，然后对每一组应用统计函数 COUNT 计算，以求得该组的学生人数。

若分组后还要求按一定的条件对这些组进行筛选，最终只输出满足指定条件的组，则可以使用 HAVING 短语指定筛选条件。

【例 4.37】查询选修了 3 门以上课程的学生的学号。

```
SELECT 学号 FROM 成绩  GROUP BY 学号 HAVING COUNT(*)>3
```

这里先用 GROUP BY 子句按学号进行分组，再用统计函数 COUNT 对每一组进行计数。HAVING 短语指定选择组的条件，只有满足条件（即记录个数大于 3，表示此学生选修的课超过 3 门）的组才会被选出来。

WHERE 子句与 HAVING 短语的区别在于作用对象不同。WHERE 子句作用于基本表或视图，从中选择满足条件的记录；HAVING 短语作用于组，从中选择满足条件的组。

4.4.4 联接与嵌套查询

1. 联接查询

前面介绍的查询都是针对一个表进行的。若一个查询同时涉及两个以上的表，则称为联接查询。联接查询是关系数据库中最主要的查询，包括简单联接查询、自身联接查询、超联接查询和复合条件联接查询。

（1）简单联接查询

联接查询中用来联接两个表的条件称为联接条件或联接谓词，语法格式如下。

```
[<表名 1>.]<字段名>=[<表名 2>.]<字段名>
```

联接条件中的字段名称为联接字段。联接条件中的各联接字段类型必须是可比的，但不一定是相同的。

从概念上讲，DBMS 执行联接操作的过程如下：首先在表 1 中找到第 1 个记录，然后从头开始扫描表 2，逐一查找满足联接条件的记录，找到后就将表 1 中的第 1 个记录与该记录拼接起来，形成结果表中的一个记录；表 2 全部查找完后，再查找表 1 中第 2 个记录，然后再从头开始扫描表 2，逐一查找满足联接条件的记录，找到后就将表 1 中的第 2 个记录与该记录拼接起来，形成结果表中的一个记录；重复上述操作，直到表 1 中的全部记录都处理完毕为止。

【例 4.38】查询每个学生及其选修课程的情况。

学生情况存放在学生表中，学生选课情况存放在成绩表中，所以本查询实际上涉及学生与成绩两个表。这两个表之间的联系是通过公共字段学号实现的。

```
SELECT 学生.*, 成绩.*  FROM 学生, 成绩;
WHERE 学生.学号=成绩.学号   &&将学生与成绩中同一学生的记录连接起来
```

假设学生表和成绩表中包含的数据分别如表 4-4 和表 4-5 所示。

表 4-4 学生表

学号	姓名	性别	年龄	院系编号
s1	李勇	男	20	03
s2	刘晨	女	19	01
s3	王敏	女	18	02
s4	张立	男	19	01

表 4-5 成绩表

学号	课程号	成绩
s1	c1	92
s1	c2	85
s1	c3	88
s2	c2	90
s2	c3	80

查询结果如表 4-6 所示。

表 4-6 查询结果

学生.学号	姓名	性别	年龄	院系编号	成绩.学号	课程号	成绩
s1	李勇	男	20	03	s1	c1	92
s1	李勇	男	20	03	s1	c2	85
s1	李勇	男	20	03	s1	c3	88
s2	刘晨	女	19	01	s2	c2	90
s2	刘晨	女	19	01	s2	c3	80

本例中，SELECT 子句与 WHERE 子句中的字段名前都加上了表名前缀，这是为了避免混淆，若字段名在参加联接的各表中是唯一的，则可以省略表名前缀。

联接运算中有两种特殊情况，一种为等值联接，另一种为广义笛卡儿积（联接）。

广义笛卡儿积是不带联接谓词的联接。两个表的广义笛卡儿积即是两表中记录的交叉乘积，其连接的结果会产生一些没有意义的记录，所以这种运算实际很少使用。

若在等值联接中把目标列中重复的字段列去掉则为自然联接。

【例 4.39】对例 4.38 用自然联接完成。

```
SELECT 学生.学号,姓名,性别,年龄,院系编号,课程号,成绩;
FROM 学生,成绩;
WHERE 学生.学号=成绩.学号
```

该例中，由于姓名、性别、年龄、院系编号、课程号和成绩字段列在学生表与成绩表中是唯一的，因此引用时可以去掉表名前缀。而学号在两个表都出现了，因此引用时必须加上表名前缀。

（2）自身联接查询

联接操作不仅可以在两个表之间进行，也可以是一个表与其自身进行联接，称为表的自身联接。

【例 4.40】查询每一门课的间接先修课（即先修课的先修课）。

在课程表关系中，只有每门课的直接先修课信息，而没有先修课的先修课。要得到该信息，必须先对一门课找到其先修课，再按此先修课的课程号查找它的先修课程。这就要将课程表与其自身联接。为清楚起见，可以为课程表设置两个别名，一个是 FIRST，另一个是 SECOND，分别如表 4-7 和表 4-8 所示。

表 4-7　FIRST 表

课程号	课程名	先修课号	学分
c1	计算机软件基础		2
c2	数据结构	c3	3
c3	C++	c1	2
c4	数据库	c5	3
c5	软件工程	c6	3
c6	网络工程	c3	3
c8	管理信息系统	c4	4

表 4-8　SECOND 表

课程号	课程名	先修课号	学分
c1	计算机软件基础		2
c2	数据结构	c3	3
c3	C++	c1	2
c4	数据库	c5	3
c5	软件工程	c6	3
c6	网络工程	c3	3
c8	管理信息系统	c4	4

完成该查询的 SQL 语句如下。

```
SELECT FIRST.课程号,SECOND.先修课号;
FROM 课程 FIRST,课程 SECOND;
WHERE FIRST.先修课号=SECOND.课程号
```

查询结果如表 4-9 所示。

表 4-9　查询结果

课程号	先修课号
c3	
c2	c1
c6	c1
c8	c5
c4	c6
c5	c3

2. 嵌套查询

嵌套查询也称为子查询，是指一个 SELECT...FROM...WHERE 查询可以嵌套在另外一个查询中。SQL 允许多层嵌套。每个子查询在上一级查询处理之前求解，即嵌套查询是由里向外处理的，子查询的结果用于建立其父查询的查找条件。

【例 4.41】查询和“辛国年”在同一系学习的学生的学号、姓名。

```
SELECT 学号,姓名 FROM  学生 S1;
WHERE 院系编号=( SELECT 院系编号 FROM  学生;
                 WHERE 姓名="辛国年")
```

需要特别指出的是，子查询的 SELECT 语句中不能使用 ORDER BY 子句，ORDER BY 子句只能对最终查询结果排序。

（1）带有 IN 谓词的子查询

在嵌套查询中，子查询的结果往往是一个集合，所以谓词 IN 是嵌套查询中经常使用的谓词。

【例 4.42】查询与“徐玮”在同一个系学习的学生。

首先分步来完成此查询，然后再构造嵌套查询。

① 确定“徐玮”所在院系编号：

```
SELECT 院系编号 FROM 学生 WHERE 姓名='徐玮'
```

查询结果如下。

```
院系编号
01
```

② 查找所有在院系编号为 01 的学生：

```
SELECT 学号,姓名,系名 FROM 学生 WHERE 院系编号='01'
```

查询结果如下。

```
学号  姓名  系名
S3  徐玮  01
S6  刘辉  01
```

将第 1 步查询嵌入到第 2 步查询的条件中，构造嵌套查询，SQL 语句如下。

```
SELECT 学号,姓名,系名 FROM 学生 WHERE 院系编号 IN;
(SELECT 院系编号 FROM 学生 WHERE 姓名='徐玮')
```

数据库管理系统求解该查询时，实际上也是分步执行的，类似于上述分步过程。

（2）带有比较运算符的子查询

带有比较运算符的子查询是指父查询与子查询之间用比较运算符进行连接。在能够确定内层查询返回的是单值时，可以使用>、<、=、>=、<=、!=或<>等比较运算符。

例如，在例 4.42 中，由于一个学生只可能在一个系学习，也就是说内层查询的结果是一个值，因此可以用“=”代替 IN，其 SQL 语句如下。

```
SELECT 学号,姓名,系名 FROM 学生 WHERE 院系编号=;
(SELECT 院系编号 FROM 学生 WHERE 姓名='徐玮')
```

4.4.5 集合查询

SELECT 语句的查询结果是记录的集合，所以多个 SELECT 语句可进行集合操作。集合操作用到的关键字是 UNION，表示集合运算的并操作。

【例 4.43】查询院系编号为 03 的学生及年龄不大于 19 岁的学生。

```
SELECT * FROM 学生 WHERE 院系编号='03';
UNION;
SELECT * FROM 学生 WHERE 年龄<=19
```

该查询实际上是求院系编号为 03 的所有学生与年龄不大于 19 岁的学生的并集。使用 UNION 将多个查询结果合并起来时，系统会自动去掉重复记录。

注意： 参加UNION操作的各结果表的列数必须相同，对应项的数据类型也必须相同。

【例4.44】查询选修了课程c1或者选修了课程c2的学生。

本例即查选修课程c1的学生集合与选修课程c2的学生集合的并集。

```
SELECT 学号 FROM 成绩 WHERE 课程号='c1';
UNION;
SELECT 学号 FROM 成绩 WHERE 课程号='c2'
```

该命令等价于：

```
SELECT 学号 FROM 成绩 WHERE 课程号='c1' OR 课程号='c2'
```

4.4.6 查询结果处理

1. 显示部分结果

有时只需显示满足条件的前几个记录。

【格式】TOP N [PERCENT]

该语句需与ORDRE BY短语同时使用。

【说明】

1）N是1～32767的一个整数。

2）Percent是0.01～99.99，显示结果中前百分之几的记录。

【例4.45】显示年龄最大的四位同学的信息。

```
SELECT * TOP 4 FROM 学生 ORDER BY 年龄 DESC
```

【例4.46】显示年龄最小点的30%学生的信息。

```
SELECT * TOP 30 PERCENT FROM 学生 ORDER BY 年龄
```

2. 将查询结果存放到数组中

【格式】INTO ARRAY <数组名>

【说明】该语句将查询结果存放到数组中。一般用二维数组，每行一条记录，每列对应查询结果的一列。

【例4.47】将查询到的学生信息存放在数组TMP中。

```
SELECT * FROM 学生 INTO ARRAY TMP
LIST MEMO LIKE TMP
```

3. 将结果存放在临时文件中

【格式】INTO CURSOR <临时表名>

【说明】该语句将结果存放到临时表文件中。临时文件是一个只读的文件（.dbf），当关闭文件时该文件将自动删除。

【例4.48】将查询到的学生信息存放在临时文件TMP中。

```
SELECT * FROM 学生 INTO CURSOR TMP
```

4. 将查询结果存放到永久表中

【格式】INTO DBF|TABLE <表名>
【说明】该语句将结果存放到永久表（.dbf）中。
【例 4.49】将查询到的学生信息存放在表 Stu 中。

```
SELECT * FROM 学生 INTO DBF Stu
```

5. 将查询结果存放到文本文件中

【格式】TO FILE <文件名> [ADDITIVE]
【说明】该语句将结果存放到文本文件中，若用[ADDITIVE]选项，则将结果添加到该文本文件末尾。
【例 4.50】将学生表的记录存放到文本文件 St.txt 中。

```
SELECT * FROM 学生 TO FILE St
```

6. 将查询结果用打印机输出

【格式】TO PRINTER [PROMPT]
【说明】该语句可将结果输出到打印机，若用[PROMPT]选项，则在开始打印之前会打开打印机设置对话框。

4.5 视　　图

视图是关系数据库系统提供给用户以多种角度观察数据库中数据的重要机制。

视图是从一个或几个基本表（或视图）导出的表，它与基本表不同，是一个虚表。数据库中只存放视图的定义，而不存放视图对应的数据，这些数据仍存放在原来的基本表中。所以基本表中的数据发生变化，从视图中查询出的数据也就随之改变了。从这个意义上讲，视图就像一个窗口，透过它可以看到数据库中自己感兴趣的数据及其变化。

视图一经定义，就可以和基本表一样被查询或删除，也可以在一个视图之上再定义新的视图，但对视图的更新（增加、删除、修改）操作有一定的限制。

4.5.1　定义视图

SQL 语言用 CREATE VIEW 命令建立视图，其语法格式如下。
【格式】CREATE VIEW <视图名> AS <子查询>
【说明】其中子查询可以是任意复杂的 SELECT 语句。
【例 4.51】建立院系编号为 01 的学生的视图。

```
CREATE VIEW IS_学生 AS;
SELECT 学号,姓名,年龄  FROM 学生 WHERE 院系编号='01'
```

视图不仅可以建立在单个基本表上，也可以建立在多个基本表上。
【例 4.52】建立院系编号为 01 的选修了 c1 号课程的学生的视图 S1。

```
CREATE VIEW  S1 AS;
SELECT 学生.学号,姓名,成绩  FROM 学生, 成绩;
WHERE 院系编号='01'AND 学生.学号=成绩.学号 AND 成绩.课程号='c1'
```

视图不仅可以建立在一个或多个基本表上，也可以建立在一个或多个已定义好的视图上，或建立在基本表与视图上。

【例 4.53】建立院系编号为 01 的选修了 c1 号课程且成绩在 90 分以上的学生的视图 S2。

```
CREATE VIEW  S2 AS;
SELECT 学号,姓名,成绩 FROM  S1  WHERE 成绩>=90
```

还可以用带有集函数和 GROUP BY 子句的查询来定义视图，这种视图称为分组视图。

【例 4.54】将学生的学号及其平均成绩定义为一个视图 S_AVG。成绩表中“成绩”字段为数值型。

```
CREAT VIEW  S_AVG  AS ;
SELECT 学号,AVG(成绩) as 平均成绩 FROM 成绩 GROUP BY 学号
```

【例 4.55】将学生表中所有女生记录定义为一个视图。

```
CREATE VIEW F_学生 AS;
SELECT  *  FROM 学生  WHERE 性别='女'
```

4.5.2 删除视图

删除视图命令的语法格式如下。

【格式】DROP VIEW<视图名>

【说明】视图删除后视图的定义将从数据字典中删除。但是由该视图导出的其他视图定义仍在数据字典中，也就是说由该视图导出的所有视图没有被删除，但均已无法使用了。

【例 4.56】删除视图 S1。

```
DROP VIEW  S1
```

执行此语句后，S1 视图的定义将从数据字典中删除。由 S1 视图导出 S2 视图的定义虽然仍在数据字典中，但是该视图已无法使用了，因此应该同时删除。

习 题 4

一、选择题

1. SQL 的数据操作语句不包括（　　）。

   A. INSERT　　B. DELETE　　C. UPDATE　　D. CHANGE

2. 假设“订单”表中有订单号、职员号、客户号和金额字段，正确的 SQL 语句是（　　）。

   A. SELECT 职员号 FROM 订单 GROUP BY 职员号 HAVING COUNT(*)>3 AND AVG_金额>200

B．SELECT 职员号 FROM 订单 GROUP BY 职员号 HAVING COUNT(*)>3 AND AVG(金额)>200

C．SELECT 职员号 FROM 订单 GROUP BY 职员号 HAVING COUNT(*)>3 WHERE AVG(金额)>200

D．SELECT 职员号 FROM 订单 GROUP BY 职员号 WHERE COUNT(*)>3 AND AVG_金额>200

3．假设同一名称的产品有不同的型号和产地，则计算每种产品平均单价的 SQL 语句是（　　）。

A．SELECT 产品名称,AVG(单价)FROM 产品 GROUP BY 单价

B．SELECT 产品名称,AVG(单价)FROM 产品 ORDER BY 单价

C．SELECT 产品名称,AVG(单价)FROM 产品 ORDER BY 产品名称

D．SELECT 产品名称,AVG(单价)FROM 产品 GROUP BY 产品名称

4．从“订单”表中删除签订日期为 2004 年 1 月 10 日之前（含）的订单记录，正确的 SQL 语句是（　　）。

A．DROP FROM 订单 WHERE 签订日期<={^2004-1-10}

B．DROP FROM 订单 FOR 签订日期<={^2004-1-10}

C．DELETE FROM 订单 WHERE 签订日期<={^2004-1-10}

D．DELETE FROM 订单 FOR 签订日期<={^2004-1-10}

5．以下不属于 SQL 数据操作命令的是（　　）。

A．MODIFY　　B．INSERT　　C．UPDATE　　D．DELETE

6．在 SQL 的 SELECT 查询的结果中，消除重复记录的方法是（　　）。

A．通过指定主索引　　B．通过指定唯一索引

C．使用 DISTINCT 短语　　D．使用 WHERE 短语

7．命令 SELECT 0 的功能是（　　）。

A．选择区号最大的空闲工作区为当前工作区

B．选择区号最小的空闲工作区为当前工作区

C．选择工作区号加 1 为当前工作区

D．随机选择空闲工作区为当前工作区

8．在 SQL 查询时，使用 WHERE 子句指出的是（　　）。

A．查询目标　　B．查询结果　　C．查询条件　　D．查询视图

9．在 SQL 语句中，修改数据表的命令是（　　）。

A．MODIFY STRUCTURE　　B．MODI TABLE

C．ALTER STRUCTURE　　D．ALTER TABLE

10．在 SQL 语句中，删除数据表的命令是（　　）。

A．DROP TABLE　　B．ERASE TABLE

C．DELETE TABLE　　D．DELETE DBF

11．SQL 中的 INSERT 语句可以用于（　　）。

A．插入一条记录　　B．插入一个索引

C．插入一个表　　　　　　　　　　D．插入一个字段

12．在 SQL 语言中，创建数据表应当使用的语句是（　　）。

A．ALTER TABLE　　　　　　　　B．ADD TABLE

C．CREATE TABLE　　　　　　　D．MODIFY TABLE

13．用 SQL 的 SELECT 语句查询商品表中所有商品的名称时，使用的是（　　）。

A．投影查询　　B．条件查询　　C．分组查询　　D．联接查询

14. 如果利用 SQL 语句创建部门核算表：CREATE TABLE 部门核算表（部门编号 C（3），部门名称 C（8）,销售金额 N（10,2）,奖金 N（8,2）），现插入一条记录，使用的命令是（　　）。

A．INSERT INTO 部门核算表 VALUES(001,第 3 小组,20000,300)

B．INSERT INTO 部门核算表 VALUES("001", "第 3 小组", 20000,300)

C．INSERT INTO 部门核算表 (001,第 3 小组) VALUES(20000, 300)

D．INSERT INTO 部门核算表 VALUES(001,第 3 小组) VALUES(20000, 300)

15．在 SQL 的 SELECT 语句中，不能使用的函数是（　　）。

A．AVG　　B．COUNT　　C．SUM　　D．TOTAL

16. 在 SQL 的 SELECT 语句中，查询图书库存表中所有单价小于 30 元的图书书名及单价，使用的语句是（　　）。

A．SELECT 书名.单价 FROM 图书库存表

B．SELECT 书名.单价 FROM 图书库存表 WHERE 单价<30

C．SELECT 书名.单价 FROM 图书库存表 on 单价<30

D．SELECT 书名.单价 FROM 图书库存表单价<30

17．在 SELECT_SQL 语句中，对图书库存表中所有图书按单价降序排序，使用的语句是（　　）。

A．SELE * FROM 图书库存表 ORDER BY 单价

B．SELE * FROM 图书库存表 ORDER BY 单价 DESC

C．SELE * FROM 图书库存表 WHERE 单价 DESC

D．SELE * FROM 图书库存表 GROUP BY 单价 DESC

18．使用 SQL 的 SELECT 语句，从图书库存表中查询所有书名中含有“程序”的图书，使用的语句是（　　）。

A．SELE * FROM 图书库存表 WHERE LEFT(书名,4)="程序"

B．SELE * FROM 图书库存表 WHERE RIGHT(书名,4)="程序"

C．SELE * FROM 图书库存表 WHERE TRIM(书名,4)="程序"

D．SELE * FROM 图书库存表 WHERE "程序"$书名

19．若要查询比王平同学总分高的学生的姓名和总分，应使用的 SQL 的 SELECT 语句是（　　）。

A．SELECT 姓名,总分 FROM 成绩表 WHERE 总分>(总分 WHERE 姓名="王平")

B．SELECT 姓名,总分 FROM 成绩表 WHERE 总分>(SELECT 总分 FOR 姓名="王平")

C．SELECT X.姓名,X.总分 FROM 成绩表 AS X,成绩表 AS Y WHERE X 总分>Y.总分 and Y.姓名="王平"

D．SELE 姓名,总分 FROM 成绩表 WHERE 成绩总分 IN (SELECT 成绩总分 WHERE 姓名="王平")

20．SELECT-SQL 语句是（　　）。

A．选择工作区语句　　B．数据查询语句

C．选择标准语句　　D．数据修改语句

21．SQL 语言具有（　　）的功能。

A．关系规范化、数据操纵、数据控制

B．数据定义、数据操纵、数据控制

C．数据定义、关系规范化、数据控制

D．数据定义、关系规范化、数据操纵

22．在 SQL 的计算查询中，用于求平均值的函数是（　　）。

A．AVG　　B．AVERAGE　　C．SUM　　D．AVER

23．SQL 语句中查询条件短语的关键字是（　　）。

A．WHERE　　B．FOR　　C．WHILE　　D．CONDITION

24．SQL 的核心是（　　）。

A．数据查询　　B．数据修改　　C．数据定义　　D．数据控制

25．SQL 中可使用的通配符有（　　）。

A．*（星号）　　B．%（百分号）　　C．_（下划线）　　D．B 和 C

26．SQL 实现分组查询的短语是（　　）。

A．ORDER BY　　B．GROUP BY　　C．HAVING　　D．ASC

27．将查询结果放在数组中应使用（　　）短语。

A．INTO CURSOR　　B．TO ARRAY

C．INTO TABLE　　D．INTO ARRAY

28．SQL 的全称是（　　）。

A．standard query language　　B．structured query language

C．select query language　　D．以上都不是

29．用于显示部分查询结果的 TOP 短语，必须与（　　）同时使用才有效果。

A．ORDER BY　　B．FROM　　C．WHERE　　D．GROUP BY

30．使用 SQL 语句进行分组检索时，为了去掉不满足条件的分组，应当（　　）。

A．使用 WHERE 子句

B．在 GROUP BY 后面使用 HAVING 子句

C．先使用 WHERE 子句，再使用 HAVING 子句

D．先使用 HAVING 子句，再使用 WHERE 子句

31．SQL 的查询语句中，（　　）短语用于实现关系的投影操作。

A．WHERE　　B．SELECT　　C．FROM　　D．GROUP BY

32．使用 SQL 语句从表 STUDENT 中查询所有姓王的同学的信息，正确的命令是（　　）。

A．SELECT * FROM STUDENT WHERE LEFT(姓名，2)="王"

B．SELECT * FROM STUDENT WHERE RIGHT(姓名，2)="王"

C．SELECT * FROM STUDENT WHERE TRIM(姓名，2)="王"

D．SELECT * FROM STUDENT WHERE STR(姓名，2)="王"

33．在 SQL 语句中，表达式“BETEEWN 1220 AND 1250”的含义是（　　）。

A．工资>1220 AND 工资<1250　　B．工资>1220 OR 工资<1250

C．工资>=1220 AND 工资<=1250　　D．工资>=1220 OR 工资=<1250

34．以下短语中，与排序无关的是（　　）。

A．GROUP BY　　B．ORDER BY　　C．ASC　　D．DESC

35．使用（　　）短语可以将查询结果存放到永久表中。

A．INTO TABLE　　B．INTO ARRAY

C．INTO VURSOR　　D．INTO<表名>

36．SQL 语句中，用来计算最大值的函数为（　　）。

A．COUNT　　B．MAX　　C．SUM　　D．AVG

37．在 SQL 语句中，SELECT 命令的 JOIN 短语可以建立表间的联系，JOIN 应接在（　　）短语之后。

A．WHERE　　B．GROUP BY　　C．FROM　　D．ORDER BY

38．使用 SQL 中的 SELECT 命令建立查询时，要将查询结果输出到一个临时数据表中，应选择（　　）子句。

A．INTO ARRAY　　B．INTO TABLE

C．TO FILE　　D．INTO CURSOR

39．SQL 的 SELECT 语句中，用于消除重复出现的记录行的短语是（　　）。

A．JOIN　　B．WHERE　　C．SELECT　　D．DISTINCT

40．下列有关 HAVING 子句描述错误的是（　　）。

A．HAVING 子句必须与 GROUP BY 子句同时使用，不能单独使用

B．使用 HAVING 子句的同时不能使用 WHERE 子句

C．使用 HAVING 子句的同时可以使用 WHERE 子句

D．使用 HAVING 子句的作用是限定分组的条件

41．在默认情况下，SELECT-SQL 语句的查询结果将（　　）。

A．保存于一个数据表中　　B．显示于一浏览窗口中

C．显示于主屏幕上　　D．保存于一个文本文档中

42．若想为查询结果记录设置排序依据，则在 SELECT-SQL 语句中，必须带有的可选项是（　　）。

A．ORDER BY 项　　B．WHERE 项

C．GROUP BY 项　　D．SORT BY 项

43．在 SQL 中，带有 WHERE 可选项的 DELETE 语句将（　　）。

A．物理删除指定表中符合条件的记录

B．逻辑删除指定表中除符合条件之外的其他记录

C．物理删除指定表中除符合条件之外的其他记录

D．逻辑删除指定表中符合条件的记录

44．在 Visual FoxPro 中，DROP-SQL 语句属于一种（　　）功能的语句。

A．数据查询　　B．数据操作　　C．数据控制　　D．数据定义

二、填空题

1．在 SQL 的 SELECT 查询中，使用________子句消除查询结果中的重复记录。

2．在 Visual FoxPro 中，使用 SQL 的 SELECT 语句将查询结果存储在一个临时表中，应该使用________子句。

3．在 Visual FoxPro 中，使用 SQL 的 CREATE TABLE 语句建立数据库表时，使用________子句说明主索引。

4．在 Visual FoxPro 中，使用 SQL 的 CREATE TABLE 语句建立数据库表时，使用________子句说明有效性规则（域完整性规则或字段取值范围）。

5．在 SQL 的 SELECT 语句进行分组计算查询时，可以使用________子句来去掉不满足条件的分组。

6．在 Visual FoxPro 中 SQL DELETE 命令是________删除记录。

7．在 SQL SELECT 中用于计算检索中的计数命令是________。

8．在 SQL SELECT 中用于计算检索中的计算平均值命令是________。

9．在 SQL SELECT 中用于计算检索中的求最小值命令是________。

10．SQL SELECT 语句中为了将查询结果存放到数组中应使用的短语是 INTO________。

11．SQL SELECT 语句中为了将查询结果存放到文本文件中应使用的短语是 TO________。

12．SQL SELECT 语句为了将查询结果直接输出到打印机上应使用的短语是 TO ________。

13．SQL 的核心是________。

14．在 SQL SELECT 语句中可以对查询结果进行分组，进行分组汇总的短语是________。

15．________短语必须跟随 GROUP BY 使用，它用来限定分组必须满足的条件。

16．在 SQL SELECT 语句中用来对查询结果进行排序的短语是________。

17．在 SQL SELECT 语句中用来对查询结果进行降序的短语是________。

三、上机操作题

创建以下四个表：

学生表(学号 c(3),姓名 c(10),性别 c(2),生日 d,班级 c(5))
课程表(课程号 c(5),课程名 c(10),教师号 c(10))
成绩表(学号 c(3),课程号 c(5),成绩 n(10,1))
教师表(教师号 c(10),教师姓名 c(10),性别 c(2),生日 d,职称 c(10),系别 c(10))

练习题目：

1．查询学生表中的所有记录的姓名和性别字段。

2．查询教师所在的单位。

3．查询学生表中不姓“王”的学生记录。

4．查询成绩表中成绩在 60～80 的所有记录。

5．查询成绩表中成绩为 85、86 或 88 的记录。

6．查询学生表中班级为 95031 或性别为“女”的学生记录。

7．以班级降序查询学生表的所有记录。

8．以课程号升序、成绩降序查询成绩表的所有记录。

9．查询班级为 95031 的学生人数。

10．查询成绩表中最高分的学生的学号和课程号。

11．查询课程号为 3_105 的平均分。

12．查询成绩表中至少有 5 名学生选修的并且课程号以 3 开头的学生的平均分数。

13．查询所有选修“计算机导论”课程的男同学的姓名和成绩。

14．查询班级为 95031 的学生所选课程的平均分。

15．查询成绩高于学号为“109”并且课程号为 3_105 的成绩的所有记录。

16．查询“张旭”教师任课的学生成绩。

17．查询和“李军”同性别并且同班的学生姓名。

18．查询存在 85 分以上成绩的课程号。

19．查询“计算机系”教师所教课程的成绩表。

20．查询学生表中每个学生的姓名和年龄（提示，年龄字段利用学生的生日生成）。

21．用 SQL 命令分别建立如下三个表：

STUDENT：（学号 c（2），姓名 c（8），性别 c（2），年龄 I）

其中，学号字段为主索引，性别字段的有效性规则为性别$“男女”，提示信息为“性别只能为男或女!”，默认值为“男”。

SC：（学号 c（2），课程号 c（2），成绩 n（4，1））

COURSE：（课程号 c（2），课程名 c（10），学分 I，任课教师 c（8））

其中课程号为主索引。

22．修改表结构，将 STUDENT 表的年龄字段名修改为年纪，类型改为数值型，宽度为 2。

23．为 SC 表增加字段 aaa，逻辑型。

24．设置 COURSE 表的学分字段的有效性规则，规则为学分>0，信息为“学分必须大于零。”，默认值为 0。

25．删除 COURSE 表的任课教师字段。

26．删除 SC 表。

27．为 STUDENT 表插入一条记录，值为“s1”，“李平”，“女”，“22”。

28．将 STUDENT 表中所有男同学记录的年龄值加 1。

29．逻辑删除 STUDENT 表中性别为“女”的记录。

第 5 章　查询和视图

查询和视图有很多类似之处，创建视图和创建查询的步骤也非常相似。视图兼有表和查询的特点，查询可以根据表和视图定义，所以查询和视图有很多交叉的概念和作用。查询和视图都是为快速、方便地使用数据库中的数据而提供的一种方法。本章将介绍查询和视图的概念、建立及使用。

5.1　查　　询

查询是 Visual FoxPro 支持的一种数据库对象，也是 Visual FoxPro 为方便检索数据提供的一种工具或方法。查询包括单表查询和多表查询两种类型，在实际应用中多表查询较常用。

5.1.1　查询设计器

1. 查询的概念

查询是预先定义好的一个 SQL SELECT 语句，在不同的场合可以直接或反复使用，从而提高效率。查询是以扩展名为.qpr 的文件形式保存在磁盘上的，它是一个文本文件。查询的主体是 SQL SELECT 语句，另外还有和输出定向有关的语句。

查询是从指定的表或视图中查找满足条件的记录，然后根据所需要的输出类型定向输出查询结果，如浏览器、报表、表、标签等。查询的运行结果是一个基于表和视图的动态的数据集合。

2. 查询设计器

可以用“查询设计器”设计查询，但它的基础是 SQL SELECT 语句，只有真正理解了 SQL SELECT 语句才能设计好查询。

建立查询的方法有很多，可以使用 CREATE QUERY 命令打开查询设计器建立查询；也可以在菜单栏中选择“文件/新建”命令（或者单击工具栏上的“新建”按钮），在弹出的“新建”对话框中选择“查询”选项，单击“新建文件”按钮即可打开查询设计器建立查询；可以在项目管理器的“数据”选项卡中选择“查询”选项，然后单击“新建”按钮；对于熟悉 SQL SELECT 语句的用户，可以编辑查询文件（.qpr）建立查询。下面介绍使用查询设计器建立查询的方法。

不管使用哪种方法打开查询设计器建立查询，都会打开如图 5-1 和图 5-2 所示的查询设计器和“添加表或视图”对话框。在“添加表或视图”对话框中单击要选择的表或视图，然后单击“添加”按钮。单击“其他”按钮还可以选择自由表。选择了表或视图后，单击“关闭”按钮进入如图 5-3 所示的查询设计器界面进行查询操作。

注意：当一个查询是基于多个表时，这些表之间必须是有联系的。查询设计器会自动根据联系提取联接条件，否则在打开查询设计器之前还会弹出一个如图 5-4 所示的“联接条件”对话框，由用户来设计联接条件。

如图 5-3 所示，查询设计器中的各选项卡和 SQL SELECT 语句的各短语是相对应的。

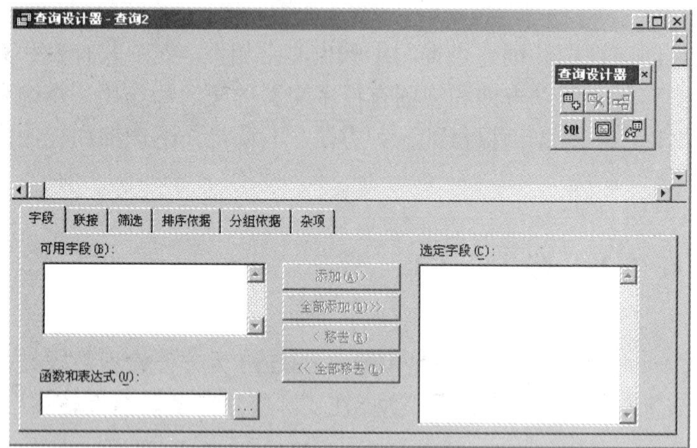

图 5-1 查询设计器

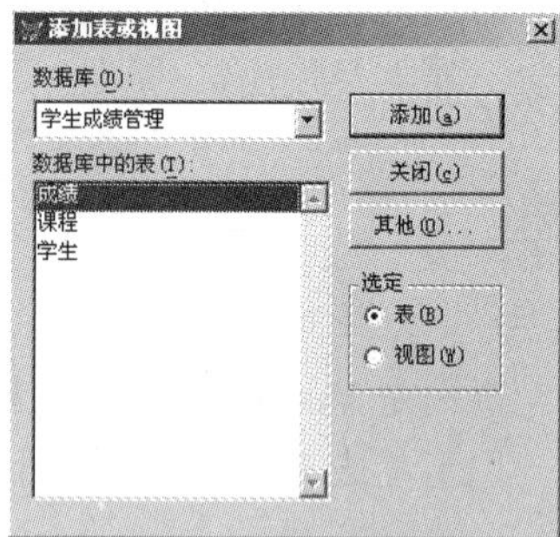

图 5-2 添加表或视图

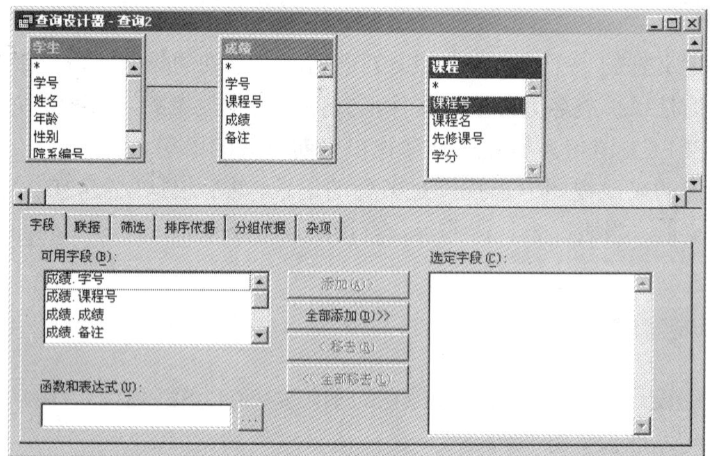

图 5-3 添加表后的查询设计器

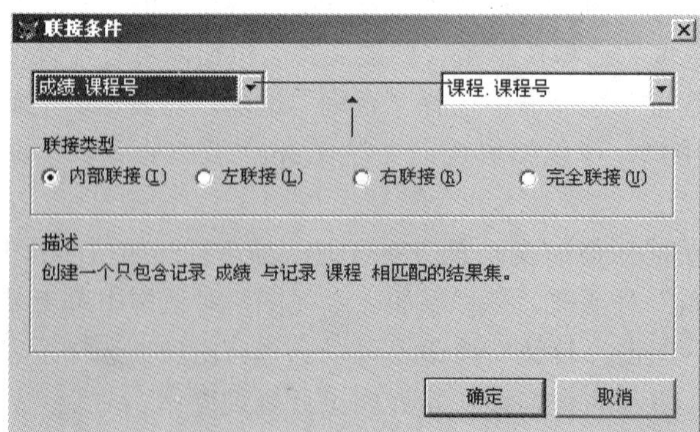

图 5-4 “联接条件”对话框

1）“字段”选项卡对应于 SELECT 短语，指定所要查询的数据，这时可以单击“全部添加”按钮选择所有字段，也可以逐个选择字段后单击“添加”按钮；在“函数和表达式”文本框中可以输入或编辑计算表达式。

2）“联接”选项卡对应于 JOIN ON 短语，用于编辑联接条件。

3）“筛选”选项卡对应于 WHERE 短语，用于指定排序的字段和排序方式。

4）“排序依据”选项卡对应于 ORDER BY 短语，用于指定排序的字段和排序方式。

5）“分组依据”选项卡对应于 GROUP BY 和 HAVING 短语，用于分组。

6）“杂项”选项卡可以指定是否要重复记录（对应于 DISTINCT 短语）及列在前面的记录（对应于 TOP 短语）等。

从以上各选项卡的内容可以看出，如果熟悉 SQL SELECT 语句，那么设计查询是非常简单的，否则将很难理解查询设计器中的这些内容。

5.1.2 建立查询

下面通过实例来具体说明如何利用查询设计器建立查询。

【例 5.1】建立一个包含姓名、课程号和成绩的查询。

该查询基于学生、成绩、课程三个表，假设已经选择了表（图 5-3），这三个表的联接已经建立。然后只需要在“可用字段”列表框中选择“学生.姓名”、“课程.课程号”、“成绩.成绩”三个字段，并把它们添加到“选定字段”列表框中，如图 5-5 所示。

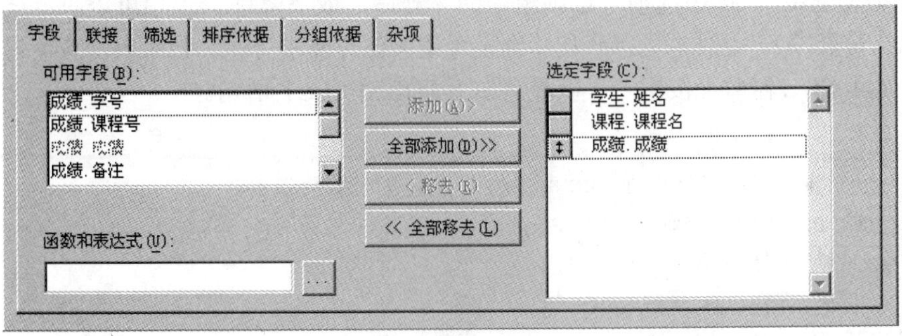

图 5-5　选定字段

至此一个简单的查询就建立好了，此时按 Ctrl+Q 组合键、单击工具栏中的“运行”按钮或者在菜单栏中选择“查询/运行查询”命令都可以立刻运行查询并看到查询的结果。

此时由查询设计器建立的查询实际上就是生成了如下 SQL SELECT 语句。

```
SELECT 学生.姓名, 课程.课程名, 成绩.成绩;
FROM  学生成绩管理!成绩 INNER JOIN 学生成绩管理!课程;
INNER JOIN 学生成绩管理!学生 ;
ON  成绩.学号 = 学生.学号 ;
ON  成绩.课程号 = 课程.课程号
```

在查询设计器中可以选择菜单栏中的“查询/查看 SQL”命令，或单击查询设计器工具栏中的“显示 SQL 窗口”按钮来查看 SQL SELECT 语句。

注意：以上 SQL SELECT 语句是由查询设计器生成的，所以有明显的 Visual FoxPro 痕迹，其中 FROM 短语中的表还给出了以叹号为分隔符的数据库名前缀，如“学生成绩管理!”。

【例 5.2】在例 5.1 操作的基础上，为查询增加查询计算表达式。

假设计算表达式为“成绩*0.8”，即总成绩的 80%计入期末考试成绩（还有 20%是平时成绩），则可以在图 5-5 所示界面左下角的“函数和表达式”文本框中输入计算表达式，或者单击右侧的省略号按钮，在弹出的表达式生成器中编辑计算表达式，然后单击“添加”按钮将函数或表达式添加到“可用字段”列表框。此时再运行查询会发现多了一个计算字段，它的值为成绩字段的值乘以 0.8。如果单击查询设计器工具栏中的“显示 SQL 窗口”按钮，可以看到如下 SQL SELECT 语句。

```
SELECT "成绩*0.8";
FROM  学生成绩管理!成绩 INNER JOIN 学生成绩管理!课程;
INNER JOIN 学生成绩管理!学生;
ON  成绩.学号 = 学生.学号;
ON  成绩.课程号 = 课程.课程号
```

【例 5.3】查询设计排序。

假设要求先按院系编号降序排列，再按成绩降序排列。将图 5-5 所示界面切换到如图 5-6 所示的“排序依据”选项卡，依次选择要排序的字段，并单击“添加”按钮把它们添加到“排序条件”列表框中。“排序选项”选项组中的“升序”或“降序”选项可以决定它们的排序方式（默认是升序）。此时再运行查询将会发现结果已按要求排序。如果单击查询设计器工具栏中的“显示 SQL 窗口”按钮，可以看到如下 SQL SELECT 语句。

```
SELECT 成绩.成绩, 学生.院系编号;
FROM  学生成绩管理!成绩 INNER JOIN 学生成绩管理!课程;
INNER JOIN 学生成绩管理!学生;
ON  成绩.学号 = 学生.学号;
ON  成绩.课程号 = 课程.课程号;
ORDER BY 学生.院系编号 DESC, 成绩.成绩 DESC
```

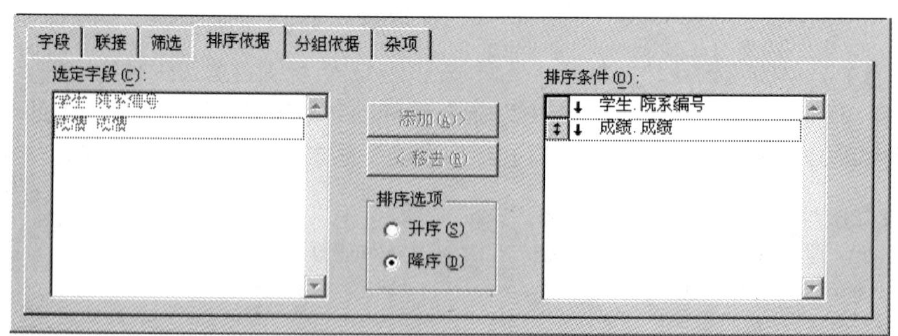

图 5-6 “排序依据”选项卡

以上简单介绍了利用查询设计器建立查询的方法，其他选项卡就不一一介绍了。如果读者熟练掌握了 SQL SELECT 语句，这些操作将非常简单。

5.1.3 查询设计器的局限性

建立查询并保存后将生成扩展名为.qpr 的文件。若熟悉 SQL SELECT，则可以直接用各种文本编辑器，通过编写 SQL SELECT 语句来建立查询，最后保存为扩展名为.qpr 的文件即可。事实上，查询设计器只能建立一些比较规则的查询，难以建立复杂的查询。

5.1.4 使用查询

设计查询的目的不只是为了完成一种查询功能，在查询设计器中可以根据需要为查询输出定位查询去向。在菜单栏中选择“查询/查询去向”命令，或单击查询设计器工具栏上的“查询去向”按钮，弹出“查询去向”对话框，如图 5-7 所示。可以在其中选择将查询结果送往何处。这些查询去向的具体含义如下。

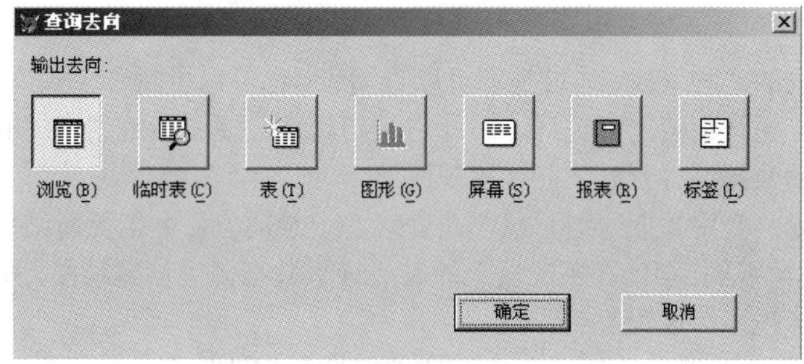

图 5-7 “查询去向”对话框

- 浏览：在“浏览”（browse）窗口中显示查询结果（默认的输出去向）。
- 临时表：将查询结果保存在一个命名的临时只读表中。
- 表：将查询结果保存在一个命名的表中。
- 图形：使查询结果可用于 Microsoft Graph（Graph 是包含在 Visual FoxPro 中的一个独立的应用程序）。
- 屏幕：在 Visual FoxPro 主窗口或当前活动输出窗口中显示查询结果。
- 报表：将查询结果输出到一个报表文件（.frx）。
- 标签：将查询结果输出到一个标签文件（.lbx）。

【例 5.4】下面以查询去向为“图形”为例说明查询的使用。选择查询去向为“图形”后，在查询设计器中右击，在弹出的快捷菜单中选择“查看 SQL”命令。

SQL SELECT 语句中增加了 INTO CUROR 短语，表示将查询结果保存在一个临时表中，系统函数 SYS（2015）表示生成的是一个随机的临时文件号。

执行输出去向为“图形”的查询，其具体步骤如下。

1）执行输出去向为“图形”的查询，弹出“图形向导”对话框。

2）在“图形向导”对话框中，将“可用字段”列表框中的“成绩”拖动到“数据系列”列表框中；再将学号字段从“可用字段”列表框中拖动到“坐标轴”上。

3）单击“下一步”按钮，选择所需的图形样式；单击“下一步”按钮，输入图形的标题“学生成绩对照表”。

4）单击“完成”按钮，弹出“保存”对话框，将图形向导生成的结果保存为表单文件，并进入表单设计器。在表单设计器中执行表单或者运行表单命令 DO FORM，即可看到输出图形。

5.2 视　　图

视图兼有表和查询的特点。它与查询的相似之处在于，可以用来从一个或多个相关联的表中查找有用信息；与表的相似之处在于，可以用来更新表中的信息，并将更新结果永久保存在磁盘上。可以用视图使数据暂时从数据库中分离成为自由数据，以便在主系统之外收集和修改数据。

5.2.1 视图的概念

视图是操作表的一种手段，通过视图可以查询表，也可以更新表。视图是根据表定义的，因此视图基于表，而视图使用更灵活，因此它又超越表。视图是数据库中的一个特有功能，只有在包含视图的数据库打开时才能使用视图。

使用视图可以从表中提取一组记录，改变这些记录的值，并把更新结果送回基本表中。可以从本地表、其他视图、存储在服务器上的表或远程数据源中创建视图，所以 Visual FoxPro 的视图又分为本地视图和远程视图。

使用当前数据库中 Visual FoxPro 表建立的视图是本地视图，使用当前数据库之外的数据源中的表建立的视图是远程视图。

5.2.2 建立视图

可以用视图设计器建立视图，同样由于视图的基础是 SQL SELECT 语句，所以只有真正理解了 SQL SELECT 才能设计好视图。

1. 建立视图的方法

1）用 CREATE VIEW 命令打开视图设计器建立视图。

2）在菜单栏中选择“文件/新建”命令，或单击常用工具栏上的“新建”按钮，弹出“新建”对话框，选择“视图”选项并单击“新建文件”按钮打开视图设计器建立视图，如图 5-8 所示。

3）在项目管理器的“数据”选项卡中将要建立视图的数据库分支展开，并选择“本地视图”或“远程视图”选项，然后单击“新建”按钮打开视图设计器建立视图。

4）如果熟悉 SQL SELECT 语句，还可以直接用建立视图的 SQL 命令建立视图。

2. 视图设计器

视图设计器和查询设计器的使用方式几乎完全相同。主要不同之处如下。

1）查询设计器的结果是将查询以文件形式（.qpr）保存在磁盘中；而视图设计完成后，在磁盘上找不到类似的文件，视图的结果保存在数据库中。

2）由于视图是可以用于更新的，所以它的更新属性需要设置，为此在视图设计器中多了“更新条件”选项卡，如图 5-8 所示。

3）在视图设计器中没有“查询去向”的问题。

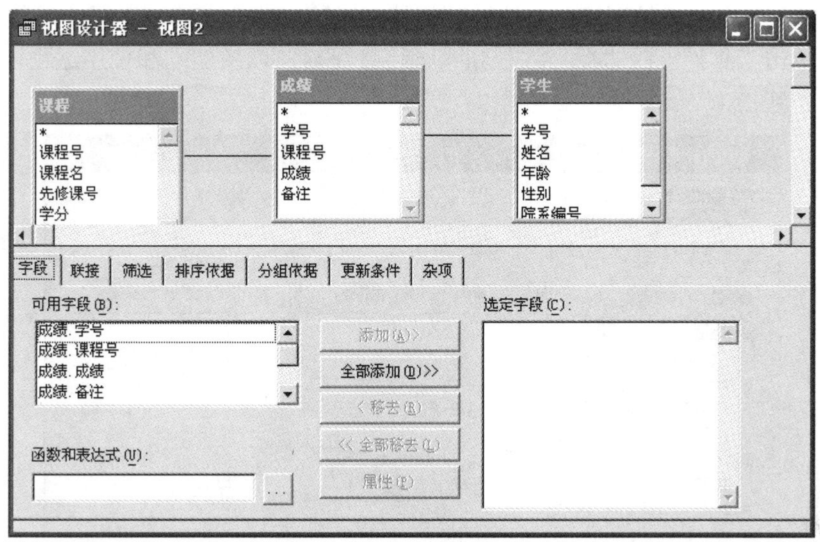

图 5-8　视图设计器

5.2.3 远程视图与连接

为了建立远程视图，必须首先建立连接远程数据库的“连接”，连接是 Visual FoxPro 数据库中一种对象。

1. 定义数据源和连接

从 Visual FoxPro 内部可定义数据源和连接。数据源一般是 ODBC（开放数据库互连）数据源，ODBC 是一种连接数据库的通用标准。为了定义 ODBC 数据源必须首先安装 ODBC 驱动程序。利用 ODBC 驱动程序可以定义远程数据库的数据源，也可以定义本地数据库的数据源。

连接是 Visual FoxPro 数据库中的一种对象，它是根据数据源创建并保存在数据库中的一个命名连接，以便在创建远程视图时按其名称进行引用，还可以通过设置命名连接的属性来优化 Visual FoxPro 与远程数据源的通信。当激活远程视图时，视图连接将成为与远程数据源的通信管道。

2. 建立连接

可以用如下方法建立连接。

1）用 CREATE CONNECTION 命令打开连接设计器，或完全用命令方式建立连接，但命令格式较复杂，一般不使用。

2）在菜单栏中选择“文件/新建”命令，或单击常用工具栏上的“新建”按钮，弹出“新建”对话框，选择“连接”选项并单击“新建文件”按钮，打开连接设计器建立连接。

3）在项目管理器的“数据”选项卡中将要建立连接的数据库分支展开，并选择“连接”选项，然后单击“新建”按钮，打开连接设计器建立视图。

连接设计器的界面如图 5-9 所示。一般只需要点选“数据源、用户标识、密码”单选按钮即可，并且可以单击“验证连接”按钮验证是否能够成功地连接到远程数据库。若连接成功，则可以单击工具栏上的“保存”按钮将该连接保存，以备建立和使用远程视图时使用。默认保存为“连接 1”。

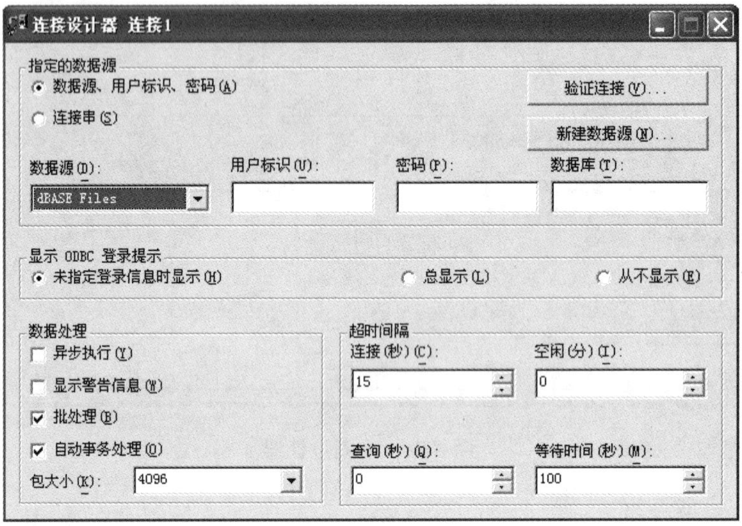

图 5-9 连接设计器

3. 设计远程视图

连接建立好后就可以建立远程视图了。建立远程视图和建立本地视图的方法基本相同，只是在打开视图设计器时略有区别。

建立本地视图时，由于是根据本地的表建立视图的，所以直接进入“添加表或视图”对话框和视图设计器。而建立远程视图时，一般要根据网络上其他计算机或其他数据库中的表建立视图，所以需要先点选“连接”或“数据源”单选按钮，如图 5-10 所示，然后再进入上述对话框和视图设计器。

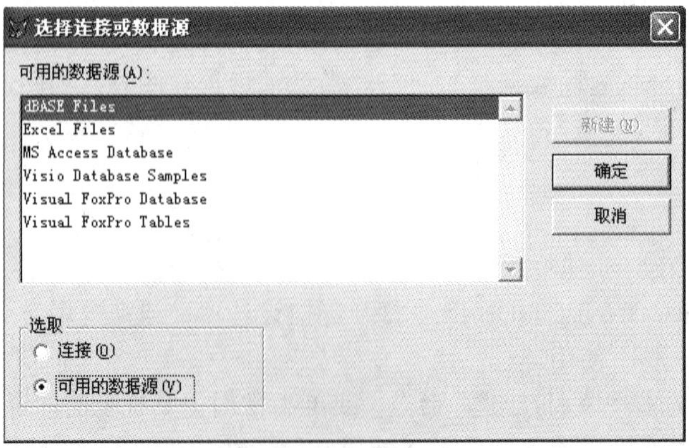

图 5-10 选择数据源

另外需要特别注意的是，利用数据源或连接建立的远程视图的 SQL 语法要符合远程数据库的语法。例如，SQL Server 的语法和 Visual FoxPro 的语法就有所区别。

5.2.4　视图与数据更新

视图是根据基本表派生出来的，所以称为虚拟表，但在 Visual FoxPro 中它已经不完全是操作基本表的窗口。在一次打开数据库和关闭数据库之间的一个活动周期内，视图和基本表已经成为两个表，使用视图时会在两个工作区分别打开视图和基本表。默认对视图的更新不反映在基本表中，对基本表的更新在视图中也得不到反映。但是当关闭数据库后视图中的数据将消失，再次打开数据库时视图从基本表中重新检索数据。所以默认情况下，视图在打开时从基本表中检索数据，然后构成一个独立的临时表供用户使用。

为了通过视图能够更新基本表中的数据，需要在视图设计器的“更新条件”选项卡中勾选“发送 SQL 更新”复选框。下面参照默认更新属性的设置介绍与更新属性有关的几个问题。

1. 指定可更新的表

若视图是基于多个表的，则默认可以更新“全部表”的相关字段；若要指定只能更新某个表的数据，则可以通过“表”下拉列表框选择表。

2. 指定可更新的字段

在“字段名”列表框中列出了与更新有关的字段，在字段名左侧有两列标志，钥匙标志表示关键字，铅笔标志表示更新。通过单击相应列可以改变相关的状态，默认可以更新所有非关键字字段，并且通过基本表的关键字完成更新，即 Visual FoxPro 用这些关键字字段来唯一标识那些已在视图中修改的基本表中的记录。建议不要改变关键字的状态，不要通过视图来更新基本表中的关键字字段值，若确有必要则可以指定更新非关键字字段值。

3. 检查更新合法性

如果在一个多用户环境中工作，服务器上的数据可以被其他用户访问，有可能出现其他用户也在试图更新远程服务器上的记录，为了让 Visual FoxPro 检查用视图操作的数据在更新之前是否被其他用户修改过，可使用“SQL WHERE 子句包括”区域中的选项帮助解决遇到多用户访问同一数据时应如何更新记录的问题。

在允许更新之前，Visual FoxPro 先检查远程基本表中的指定字段，看看它们在记录被提取到视图中后有没有改变。如果数据源中的这些记录已被修改，就不允许进行更新操作。“SQL WHERE 子句包括”区域中的这些选项决定哪些字段包含在 UPDATE 或 DELETE 语句的 WHERE 子句中，Visual FoxPro 正是利用这些语句将在视图中修改或删除的记录发送到远程数据源或基本表中。WHERE 子句就是用来检查自从提取记录用于视图中后，服务器上的数据是否已经改变。“SQL WHERE 子句包括”区域中各选择项的含义如下。

- 关键字段：当基本表中的关键字字段改变时，更新失败。
- 关键字可更新字段：当基本表中任何标记为可更新的字段改变时，更新失败。
- 关键字和时间戳：当远程表记录的时间戳在首次检索之后改变时，更新失败。

5.2.5 使用视图

视图建立之后，不但可以用它显示和更新数据，而且可以通过调整它的属性来提高性能。视图的使用类似于表。

1. 视图操作

视图允许以下操作。

- 在数据库中使用 USE 命令打开或关闭视图。
- 在“浏览器”窗口中显示或修改视图中的记录。
- 使用 SQL 语句操作视图。
- 在文本框、表格、表单或报表中使用视图作为数据源等。

2. 使用视图

可以在项目管理器中单击“浏览”按钮浏览并操作视图，也可以通过命令来使用视图。

一个视图在使用时，将作为临时表在自己的工作区打开。若此视图基于本地表，即本地视图，则在另一个工作区中同时打开基本表。视图的基本表是由定义视图的 SQL SELECT 语句访问的。

在项目管理器使用视图的方式是，先选择一个数据库，然后选择视图名，单击“浏览”按钮，则在“浏览”窗口中显示视图，并可对视图进行操作。

对视图的更新是否反映在基本表里，取决于在建立视图时是否在“更新条件”选项卡中勾选了“发送 SQL 更新”复选框。

总的来说，视图一经建立就基本可以像基本表一样使用，适用于基本表的命令基本都可以用于视图，如在视图中也可以建立索引（此索引当然是临时的，视图一关闭索引自动删除），多工作区也可以建立联系等，但视图不可以用 MODIFY STRUCTURE 命令修改结构，因为视图毕竟不是独立存在的基本表，它是由基本表派生出来的，只能修改视图的定义。

习 题 5

一、选择题

1．查询设计器和视图设计器相比，没有（　　）选项卡。

A．更新条件　　B．筛选　　C．联接　　D．分组依据

2．以下关于查询描述正确的是（　　）。

A．不能根据自由表建立查询

B．只能根据自由表建立查询

C．只能根据数据库表建立查询

D．可以根据数据库表和自由表建立查询

3．有关查询设计器，正确的描述是（　　）。

A．“联接”选项卡与 SQL 语句的 GROUP BY 短语对应

B．“筛选”选项卡与 SQL 语句的 HAVING 短语对应

C．“排序依据”选项卡与 SQL 语句的 HAVING 短语对应

D．“分组依据”选项卡与 SQL 语句的 JION ON 短语对应

4．在 Visual FoxPro 中，关于视图的正确叙述是（　　）。

A．视图与数据库表相同，用来存储数据

B．视图不能与数据库表进行连接操作

C．在视图上不能进行更新操作

D．视图是从一个或多个数据库表导出的虚拟表

5．在 Visual FoxPro 中，关于查询和视图叙述正确的是（　　）。

A．查询是一个预先定义好的 SQL SELECT 语句文件

B．视图是一个预先定义好的 SQL SELECT 语句文件

C．查询和视图是同一种文件，只是名称不同

D．查询和视图都是一个存储数据的表

6．在默认情况下，Visual FoxPro 的查询结果输出至（　　）。

A．“浏览”窗口　　B．临时表　　C．屏幕　　D．表

7．在查询设计器中，不能运行查询文件的是（　　）。

A．单击 Visual FoxPro 工具栏上的“运行”按钮

B．按 Ctrl+Q 组合键

C．在菜单栏中选择“查询/运行查询”命令

D．双击查询文件名

8．在“添加表和视图”对话框中，“其他”按钮的作用是让用户选择（　　）。

A．数据库表　　B．视图

C．不属于数据库的表或视图　　D．查询

9．Visual FoxPro 中可以执行的查询文件的扩展名是（　　）。

A．.prg　　B．.fpt　　C．.mpr　　D．.qpr

10．在进行 SQL 查询时，使用 WHERE 子句的目的是（　　）。

A．查询结果　　B．查询条件　　C．查询视图　　D．查询目标

二、填空题

1．在 Visual FoxPro 的查询设计器中________选项卡对应的 SQL 短语是 WHERE。

2．Visual FoxPro 的查询设计器将查询存储在________和________中的记录。

3．视图不能单独存在，它必须依赖于________。

4．建立远程数据库必须首先建立与远程数据库的________。

第 6 章　程序设计基础

前面各章都是在命令窗口中逐条输入命令或通过选择菜单来执行 Visual FoxPro 命令，这种方式称为交互式方式。此外可以采用程序的方式来调用 Visual FoxPro 系统功能，程序文件必须从外部存储器调入内部存储器才能执行。Visual FoxPro 程序设计包括结构化程序设计和面向对象程序设计。本章主要介绍结构化程序设计，包括程序文件的建立与运行、程序的基本结构、多模块程序等内容。

6.1　程序设计概述

6.1.1　程序的概念

程序是能够完成某一任务而编写的有序指令的集合。

Visual FoxPro 程序是为实现某一任务，将若干条命令和程序控制语句按一定的结构组成命令序列，保存在一个扩展名为.prg 的文件中。这种文件称为程序文件或命令文件。运行程序时，系统会按照一定的次序自动执行包含在程序文件中的命令。

6.1.2　程序设计的特点

采用程序的好处如下。

- 可以利用编辑器方便地输入、修改和保存程序。
- 可以用多种方式多次运行程序。
- 可以在一个程序中调用另一个程序。

下面的程序中使用了三种注释语句。

```
NOTE 功能说明：求圆形的面积。
*本程序的文件名为：prog1.prg
CLEAR                                          &&清屏
SET TALK OFF
R=3
S=PI()*R*R                                     &&求圆的面积
? "半径为"+ALLTRIM(STR(R))+"的圆面积=",S       &&输出圆的面积
SET TALK  ON
RETURN
```

其中，以 NOTE 或*开头的代码行为注释行，命令行后也可添加注释，以符号&&开头，其功能为对程序进行注释或对某一条语句进行注释。

许多数据处理命令（如 AVERAGE、SUM、SELECT-SQL 等）在执行时都会返回一些有关执行状态的信息，这些信息通常会显示在 Visual FoxPro 主窗口、状态栏或用户自义窗口

中。SET TALK 命令用于设置是否显示这些信息，其格式为：SET TALK OFF|ON。当处于 OFF 状态时，命令执行不回显；当处于 ON 状态时，命令执行回显。系统默认状态为 ON。

一行只能写一条命令，若命令需要分行书写，应在一行终了时输入续行符（;）。

6.2　程序文件的基本操作

6.2.1　程序文件的建立与修改

1. 命令方式

【格式】MODIFY COMMAND <文件名>

【说明】如果没有给定扩展名，系统默认扩展名为.prg。执行此命令时，若文件存在，则打开已存在的程序文件；否则，系统新建一个指定名称的程序文件。当程序输入完毕后，按 Ctrl+W 组合键将文件保存并退出编辑窗口；若放弃输入内容，则按 Ctrl+Q 组合键或 Esc 键退出编辑窗口。

注意： 这里文件名前可以指定保存文件的路径，若没有指定，则保存在系统默认的磁盘和目录中。

【例 6.1】建立程序文件 prog1.prg，求给定半径的圆的面积，操作步骤如下。

1）在命令窗口中输入命令 modify command prog1，如图 6-1 所示。

2）输入命令后按 Enter 键，进入程序编辑窗口，在编辑窗口中逐条输入命令，如图 6-2 所示。

3）输入完毕后，按 Ctrl+W 组合键保存，程序文件建立完成，并返回命令窗口。

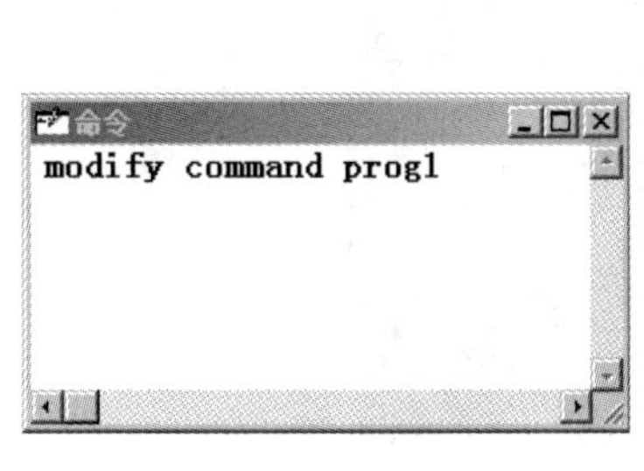

图 6-1　命令窗口

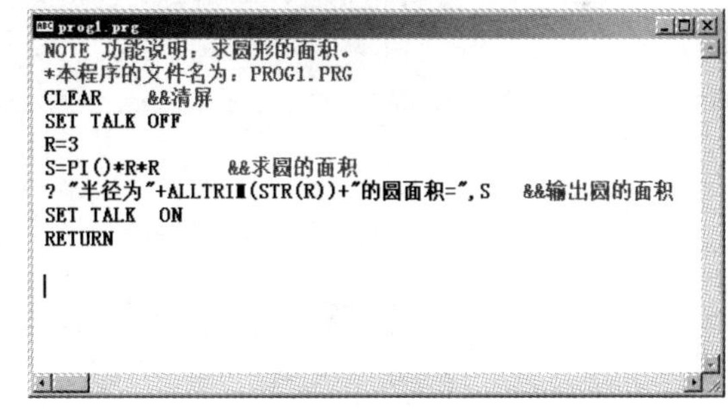

图 6-2　程序编辑窗口

2. 菜单方式

【例 6.2】用菜单方式建立程序文件 prog2.prg，该程序的功能是在屏幕上显示“欢迎使用 Visual FoxPro”，操作步骤如下。

1）打开程序编辑窗口。在菜单栏中选择“文件/新建”命令，在弹出的“新建”对话框中点选“程序”单选按钮，并单击“新建文件”按钮，如图 6-3 所示，即可打开程序编辑窗口。

2）在程序编辑窗口中输入程序内容，如图 6-4 所示。这里输入的内容与普通文本文件的编辑操作类似，但这里输入的命令不会立刻被执行。

3）保存程序文件。在菜单栏中选择“文件/保存”命令或按 Ctrl+W 组合键，在弹出的“另存为”对话框中指定程序的保存位置和文件名，并单击“保存”按钮，如图 6-5 所示。程序文件的默认扩展名是.prg。

要修改程序文件，可在菜单栏中选择“文件/打开”命令，在弹出的“打开”对话框中选择“文件类型”为“程序”，选择要修改的程序文件，单击“确定”按钮，即可在程序编辑窗口中修改程序文件，完成后进行保存即可。

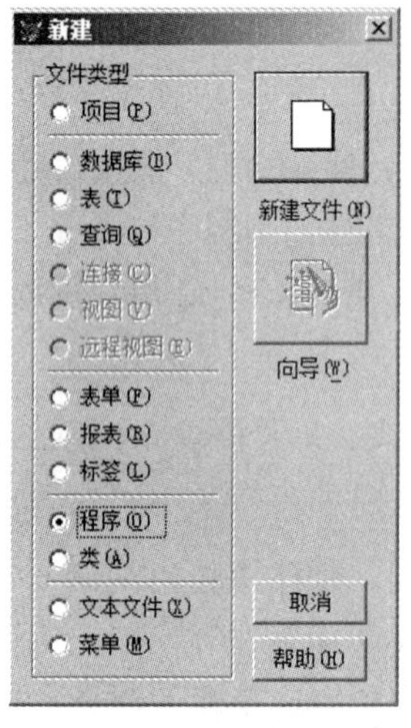

图 6-3 新建对话框

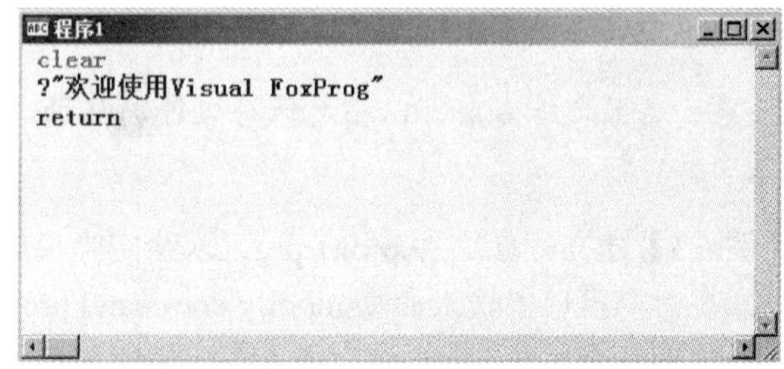

图 6-4 程序编辑窗口

图 6-5 “另存为”对话框

6.2.2 程序文件的执行

程序文件创建完成后，就可以用多种方式多次执行程序。下面介绍两种常用的执行程序的方式。

1. 命令方式

【格式】DO <文件名>

【说明】此命令可以在命令窗口中使用，也可以在程序中使用，这样就可以在一个程序中调用另一个程序文件。当程序文件被执行时，文件中包含的命令将被依次执行，直到所有的命令执行完毕，结束程序的运行，或是遇到以下命令。

- CANCAL：终止程序运行，清除所有的私有变量，返回命令窗口。
- DO：转去执行另一个程序。
- RETURN：结束当前程序的执行，返回调用它的上级程序，若无上级程序则返回命令窗口。
- QUIT：退出 Visual FoxPro，返回操作系统。

2. 菜单方式

1）在菜单栏中选择“程序/运行”命令，弹出“运行”对话框，如图 6-6 所示。

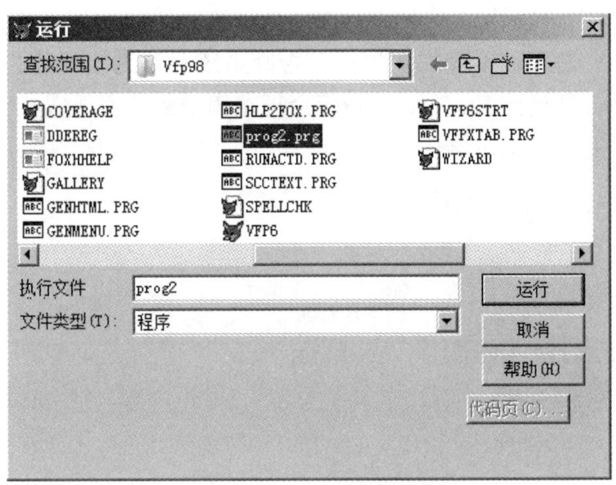

图 6-6 “运行”对话框

2）从文件列表框中选择要运行的程序文件，单击“运行”按钮，运行程序。

Visual FoxPro 程序文件通过编译、连编，可以产生不同的目标代码文件，这些文件具有不同的扩展名。当用 DO 命令执行程序文件时，如果没有指定扩展名，系统将按下列顺序寻找该程序文件的源代码文件执行：.exe（Visual FoxPro 可执行文件）→.app（Visual FoxPro 应用程序文件）→.fxp（编译文件）→.prg（源程序文件）。

6.2.3 简单的输入/输出命令

1. 简单输入命令

（1）INPUT 命令

【格式】INPUT [<字符表达式>]TO<内存变量>

【说明】如果选用字符表达式，那么系统会首先显示该表达式的值，作为提示信息。输入的数据可以是常量、变量，也可以是更为一般的表达式，不能不输入内容而按 Enter 键。输入字符串时必须加定界符，输入逻辑型常量时要用圆点定界（如.T.、.F.），输入日期型可以使用函数 CTOD( )，或输入严格日期型格式（如{^2011-2-18}）。

【例 6.3】使用 INPUT 命令输入圆的半径，求圆的面积。

```
*本程序的文件名为：prog3.prg
CLEAR                                          &&清屏
SET TALK OFF
INPUT "请输入圆的半径：" TO R
S=PI()*R*R                                     &&求圆的面积
? "半径为"+ALLTRIM(STR(R))+"的圆面积=",S       &&输出圆的面积
SET TALK  ON
RETURN
```

（2）ACCEPT 命令

【格式】ACCEPT[<字符表达式>]TO<内存变量>

【说明】如果选用字符表达式，系统会首先显示该表达式的值，作为提示信息。该命令只能接收字符串，用户输入时不需加定界符，否则系统会认为定界符也为字符串的一部分。如果不输入任何内容而直接按 Enter 键，系统会把空串赋给内存变量。

【例 6.4】显示学生表中指定学生姓名的记录。

```
*本程序的文件名为：prog4.prg
SET TALK OFF
CLEAR
USE 学生
ACCEPT"请输入待查学生姓名："  TO NAME
LOCATE FOR 姓名=NAME
DISPLAY
USE
SET TALK ON
RETURN
```

在命令窗口中输入命令 DO PROG4.PRG，运行结果如下。

```
请输入待查学生姓名：张辉
记录号  学号  姓名        年龄 性别  院系编号    照片  简历
     6  s6    张辉          22 女    3           gen   memo
```

（3）WAIT 命令

【格式】WAIT [<字符表达式>]TO [<内存变量>] [WINDOW[AT<行,列>]] [TIMEOUT 秒数]

【说明】若<字符表达式>为空串，则不会显示任何提示信息；若<字符表达式>不为空串，则显示提示信息“按任意键继续”。<内存变量>用来保存用户输入的字符，其类型为字符型，无 TO 短语，输入内容不保留。WINDOW[AT<行,列>]表示在屏幕上显示一个 WAIT 窗口，

该窗口的位置可由 AT 中的行、列值指定。[TIMEOUT 秒数]用来设定等待键盘或鼠标输入的秒数，若超时，则自动向下执行命令。

【例 6.5】WAIT 命令的应用示例。

```
*本程序的文件名为：prog5.prg
SET TALK OFF
CLEAR
WAIT
WAIT"请按任意键继续！"
WAIT"请按任意键继续！" WINDOW
WAIT"请按任意键继续！" WINDOW  AT 19,22
WAIT"请按任意键继续！" WINDOW  TIMEOUT 4
SET TALK ON
RETURN
```

（4）格式化输入命令

【格式】@<行，列>[SAY<表达式 1>][GET<变量名>][DEFAULT<表达式 2>] READ

【说明】该命令用于在屏幕的指定行、列输出 SAY 子句的表达式值，并可修改 GET 子句的变量值。GET 子句必须使用 READ 激活。

【例 6.6】查询学生表中指定姓名的学生记录。

```
*本程序的文件名为：prog6.prg
SET TALK OFF
CLEAR
USE 学生
NAME=SPACE(10)
@5,20 SAY "请输入待查学生姓名:： " GET NAME
READ
LOCATE  FOR 姓名=NAME
DISPLAY
USE
SET TALK ON
RETURN
```

2. 输出专用命令

（1）无格式输出

【格式 1】？<内存变量名表>

【格式 2】？？<内存变量名表>

如前所述的？和？？，在命令文件中仍然可以使用。

（2）正文输出语句

【格式】

TEXT

<正文内容>

ENDTEXT

【说明】正文信息不要使用定界符，TEXT 与 ENDTEXT 必须成对出现。用 SET PRINT ON 设置后才能在显示的同时用打印机输出。

【例 6.7】编写程序 prog7.prg 并利用 TEXT 与 ENDTEXT 显示信息。

```
*本程序的文件名为：prog7.prg
CLEAR
TEXT
       ***********************
       *      欢迎使用       *
       ***********************
ENDTEXT
RETURN
```

6.3 程序的基本结构

程序结构是指程序中命令或语句执行的流程结构。顺序结构、选择结构和循环结构是程序的三种基本结构。

6.3.1 顺序结构

顺序结构是最简单也是最基本的结构形式，其特点是顺次逐条地执行程序中的每条命令。

【例 6.8】通过键盘随机输入一个正数，以此数为半径，求圆面积和球体积，并输出结果。

```
*本程序的文件名为：prog8.prg
CLEAR
SET TALK OFF
INPUT "半径=" TO R
S=PI()*R*R
V=4/3*PI()*R**3
? "圆面积=",S
? "球体积=",V
SET TALK OFF
RETURN
```

运行结果如下。

```
半径=4
圆面积=               50.27
球体积=               268.082573
```

6.3.2 选择结构

顺序结构程序只能顺序逐条地执行命令，但是纯粹的顺序问题是很少见的，更多的是需要根据实际情况控制程序的流程。例如，例 6.6 中的查询就有两种可能，查询到该怎么办？查询不到又该如何显示？能实现这种控制的程序结构称为选择结构。选择结构语句只能在程序中使用，不能单独在命令窗口中使用。

1. 选择结构

【格式】

IF <条件>

<语句序列 1>

ELSE

<语句序列 2>]

ENDIF

【说明】

1）无 ELSE 子句时，若条件满足则执行<语句序列 1>，若条件不满足则直接转向 ENDIF 的下一条语句执行。控制流程如图 6-7 所示。

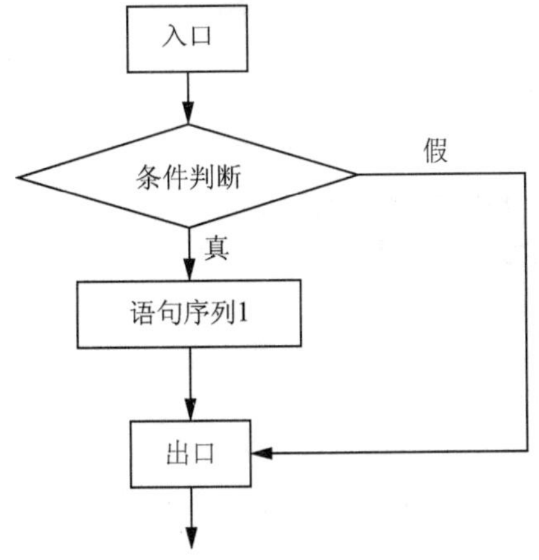

图 6-7 无 else 的选择语句控制流程

2）有 ELSE 子句时，若条件满足则执行<语句序列 1>；若不满足则执行<语句序列 2>，然后转向 ENDIF 的下一条语句。控制流程如图 6-8 所示。

3）IF 和 ENDIF 必须成对出现，IF 是本结构的入口，ENDIF 是本结构的出口。

4）条件语句可以嵌套，但不能交叉。在嵌套时，为了使程序清晰、易于阅读，应分层次写成如下阶梯状。

```
IF<条件>
    IF<条件>
        <语句序列 1>
    ELSE
```

```
        <语句序列 2>
    ENDIF
ENDIF
```

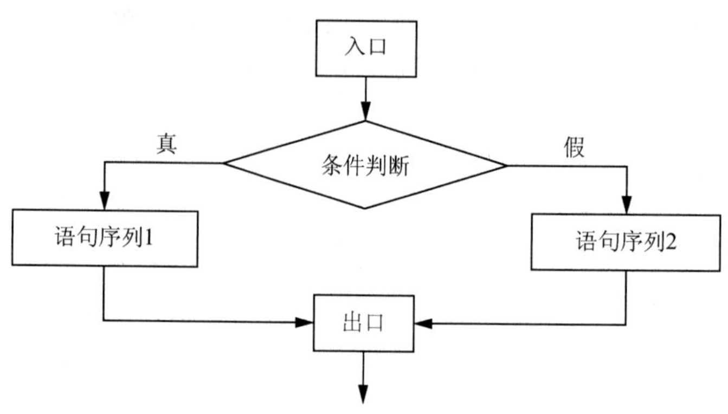

图 6-8 有 else 的选择语句控制流程

【例 6.9】查询学生表中指定姓名的学生记录。如查到则显示学生记录，否则显示“查无此人！”。

```
*本程序的文件名为：prog9.prg
SET TALK OFF
CLEAR
USE 学生
LIST
ACCEPT "请输入待查学生姓名：" TO NAME
LOCATE FOR 姓名=NAME
IF .NOT.EOF()
    DISPLAY
ELSE
    ?"查无此人！"
ENDIF
USE
RETURN
```

查询结果如下。

记录号	学号	姓名	年龄	性别	院系编号	照片	简历
1	s1	徐啸	17	女	2	gen	memo
2	s2	辛国年	18	男	6	gen	memo
3	s3	徐玮	20	女	1	gen	memo
4	s4	邓一欧	21	男	6	gen	memo
5	s5	张激扬	19	男	6	gen	memo
6	s6	张辉	22	女	3	gen	memo
7	s7	王克非	18	男	5	gen	memo
8	s8	王刃	19	男	4	gen	memo

请输入待查学生姓名：张辉辉

查无此人！

2. 多分支选择结构

如果分支过多，使用 IF 语句容易出错。多分支选择结构是一种扩展的选择结构，它可以根据条件从多组代码中选择一组执行。

【格式】

```
DO CASE
        CASE <条件 1>
            <语句序列 1>
        CASE<条件 2>
            <语句序列 2>
            ……
        CASE<条件 n>
            <语句序列 n>
        [OTHERWISE]
            [<语句序列>]
ENDCASE
```

【说明】从 DO CASE 入口，顺序判断各个 CASE 的条件，执行最先满足条件的 CASE 语句序列。然后，无论后面的条件如何，从 ENDCASE 出口执行后面的语句。若任何条件都不满足，则执行 OTHERWISE 下的语句序列，然后转向 ENDCASE 外的语句；若没有选用 OTHERWISE 子语句，则直接跳出本结构。DO CASE 和 ENDCASE 必须成对出现，DO CASE 是结构的入口，ENDCASE 是结构的出口。

【例 6.10】计算分段函数：

$$f(x)=\begin{cases} 2x-1 & (x<0) \\ 3x+5 & (0\leqslant x<0) \\ x+1 & (3\leqslant x<5) \\ 5x-3 & (5\leqslant x<10) \\ 7x+2 & (x\geqslant 10) \end{cases}$$

```
*本程序的文件名为：prog10.prg
SET TALK OFF
INPUT "请输入 x 值：" TO x
DO CASE
     CASE x<0
         F=2*x-1
     CASE x<3
         F=3*x+5
     CASE x<5
         F=x+1
```

```
        CASE x<10
            F=5*x-3
        OTHERWISE
            F=7*x+2
    ENDCASE
    ? "f(",x, ")=",f
    SET TALK ON
    RETURN
```

6.3.3 循环结构

循环是程序设计中的一种重要方法，是指在程序中有部分语句需要重复执行。

循环结构必须具备以下条件。

- 循环的开始：从哪条语句开始循环。
- 循环的初始条件：即循环的起始条件，从什么状态开始执行。
- 循环状态的变化：循环开始执行后，状态必须有变化，才能使得循环能够在有限的次数内终止。
- 循环的终止条件：循环必须在有限次执行后结束，因此必须有明确的结束条件，并且在循环中必须有可能达到循环的结束条件。

1. DO WHILE-ENDDO 循环语句

【格式】

```
DO WHILE <条件>
    <语句序列 1>
     [LOOP]
    <语句序列 2>
     [EXIT]
    <语句序列 3>
ENDDO
```

【说明】执行该语句时，先判断循环开始 DO WHILE 的条件是否成立，若条件为真，则执行循环体中的语句序列。当执行到 ENDDO 时，返回到 DO WHILE 语句，再次判断条件是否为真，以确定是否再次执行循环。若条件为假，则循环体一次都不执行。

循环体中的 LOOP 是可选项，遇到 LOOP 时，不再执行其后面的语句，转回 DO WHILE 处重新判断条件，其作用相当于一个特殊的“短路”返回控制。EXIT 也是可选项，遇到它时便无条件地退出循环，转到 ENDDO 下面的语句，其作用相当于一个紧急出口。通常 LOOP 或 EXIT 出现在循环体内嵌套的分支语句中，根据条件来决定是“回去”还是“出去”。

【例 6.11】编写程序，计算 s=1+2+3+…+50 的值。

```
*本程序的文件名为：prog11.prg
s=0
i=1
```

```
DO WHILE i<=50
   s=s+i
   i=i+1
ENDDO
?"s=",s
```

2. FOR-ENDFOR 语句

该语句一般用于实现循环次数已知情况下的循环结构。

【格式】

FOR <循环变量>=<初始值> TO <终值> [STEP <步长>]
　<语句序列>
　[EXIT]
　[LOOP]
ENDFOR/NEXT

【说明】<步长>的默认值为 1。<初值>、<终值> <步长>都可以是数值表达式，但这些表达式仅在循环语句执行开始时被计算一次。在循环语句的执行过程中，初值、终值和步长是不会改变的。可以在循环体内改变循环变量的值，但这会影响循环体的执行次数。

EXIT 和 LOOP 命令同样可以出现在该循环体内。当执行到 LOOP 时，结束循环体的本次执行，然后循环变量增加一个步长值，并再次判断循环条件是否成立。

【例 6.12】编写程序，计算 s=1+2+3+…+50 的值。

```
*本程序的文件名为：prog12.prg
s=0
FOR i=1 TO 50  STEP 1
s=s+i
ENDFOR
?"s=",s
```

3. SCAN-ENDSCAN 语句

该语句一般用于处理表中的记录，可指明需处理的记录范围及应满足的条件。

【格式】

SCAN [<范围>] [FOR <条件>] [WHILE <条件>]
　[<语句序列>]
　[LOOP]
　[EXIT]
ENDSCAN

执行该语句时，记录指针自动、依次地在当前表的指定范围内满足条件的记录上移动，对每一条记录执行循环体内的命令。

【说明】<范围>的默认值是 ALL。EXIT 和 LOOP 命令同样可以出现在该循环语句的循环体内。

【例 6.13】逐个输出学生表中性别为男的记录。

```
*本程序的文件名为：prog13.prg
SET TALK OFF
CLEAR
USE 学生
SCAN FOR 性别="男"
   DISP
   ENDSCAN
USE
RETURN
```

6.3.4 典型例题

【例 6.14】从键盘输入 10 个数，找出其中的最大数和最小数。

```
*本程序的文件名为：prog14.prg
CLEAR
INPUT "请输入一个数:"  TO a
STORE a TO Ma,Mi
FOR i=2 to 10
   INPUT "请输入一个数： "  TO a
   IF Ma<a
         Ma=a
   ENDIF
   IF Mi>a
         Mi=a
   ENDIF
ENDFOR
? "最大值： ",Ma
? "最小值： ",Mi
RETURN
```

【例 6.15】从键盘输入一个数，求该数的阶乘。

```
*本程序的文件名为：prog15.prg
INPUT "请输入阶乘数="  TO n
STORE 1 TO x,i,j
DO WHILE .T.
   DO WHILE j<=i
         x=x*j
         j=j+1
   ENDDO
   ?str(I,2)+ "!=",x
   i=i+1
```

```
    IF i>n
            EXIT
    ENDIF
ENDDO
RETURN
```

【例 6.16】编写程序，计算 T=1!+2!+…+10!的值。

```
*本程序的文件名为：prog16.prg
T=0
FOR  n=1 TO 10
    p=1
    FOR i=1 TO n
            p=p*i
    ENDFOR
    T=T+p
ENDFOR
? "T",T
RETURN
```

【例 6.17】编写一个在屏幕上用星号组成一个等腰三角形的程序。三角形共 5 行，第一行一个星，第二行 3 个星，以此类推。

```
*本程序的文件名为：prog17.prg
CLEAR
FOR i=1 TO 5
    ?SPACE(10-i)
    FOR j=1 TO 2*i-1
        ?? "*"
    ENDFOR
ENDFOR
```

【例 6.18】解一元二次方程 $AX^2+BX+C=0$，用键盘分别输入 A、B、C 的值，先判断方程有无实数根，显示判断结果。若有实数根，则计算并显示根的值。

```
*本程序的文件名为：prog18.prg
CLEAR
INPUT  "请输入A: "TO A
INPUT  "请输入B: " TO B
INPUT  "请输入C: " TO C
D=B**2-4*A*C
DO CASE
    CASE D>0
            X1=(-B+SQRT(D))/(2*A)
            X2=(-B-SQRT(D))/(2*A)
            ?"此方程有两个不同实数根：",x1,x2
```

```
        CASE D=0
                x=（-B）/2*a
                ? "此方程有两个相同实数根：",x
        CASE D<0
                ? "此方程无实数根！"
    ENDCASE
    RETURN
```

6.4　多模块程序

与其他高级语言一样，Visual FoxPro 支持结构化程序设计方法。在结构化程序设计中，一个应用程序通常由一个主程序和若干个子程序组成。子程序是一个独立的程序段，它只有被其他程序调用后才能执行。调用子程序的程序称之为主程序，主程序不被任何程序调用。主程序可以调用子程序，子程序也可以调用子程序。在 Visual FoxPro 中，实现模块化功能的程序有子程序、过程文件和自定义函数。

组织应用程序有两种方法：一种方法是把主程序和多个子程序放在一个文件里，或者把过程放在调用它的程序文件的末尾；另一种方法是把所有子程序放在一个单独的文件中，其中每个子程序作为一个模块完成应用程序的一个过程，和主程序一样是以程序文件（.prg）的形式单独存储在磁盘上，因此把这个文件称为过程文件。

6.4.1　子程序

1. 子程序的建立

子程序是一个存储在磁盘上的程序文件，它与一般命令文件的编写方法、运行操作方式一样，通常以独立的程序文件名（.prg）形式存放于磁盘上。

2. 子程序的调用

子程序的调用格式与运行程序一样，所不同的是，它是从某个程序内执行另一个程序。子程序的调用是通过下面的调用语句实现的。

【格式】DO <子程序文件名> [WITH 实参表]

【功能】调用并执行子程序文件的内容。

【说明】

1）WITH 实参表表示带参传递。参数是实现主程序与子程序之间数据传递的接口。主程序中的参数称为“实参”，它是调用子程序时所带的参数。子程序中的参数称为“形参”，它负责在子程序中接收参数。

2）一个程序可以调用一个子程序，也可以调用多个子程序。

3. 子程序的返回

【格式】RETURN [TO MASTER| TO <过程名>]

【功能】此命令用于终止程序的执行，使子程序返回主程序，调用子程序文件的下一条语句继续执行程序。

【说明】

- RETURN：返回上级程序。
- RETURN　TO MASTER：直接返回最外层主程序。
- RETURN TO <过程名>：使子程序返回时，强制返回到指定子程序。

【例 6.19】子程序调用。

```
*本程序的文件名为：main.prg
* 本程序为主程序
SET TALK OFF
? "正在执行主程序"
DO SUB1
SET TALK ON

*本程序的文件名为 SUB1.prg
*本程序为子程序
? "正在执行 SUB1"
RETURN
```

注意：建立两个程序文件 main.prg 和 SUB1.prg，在命令窗口中运行 main.prg。

6.4.2 过程的定义和调用

在 Visual FoxPro 中，模块可以是命令文件，也可以是过程或函数。

1. 过程的建立

【格式】

```
PROCEDURE <过程名>
        [PARAMERTERS<形参表>]
       <命令序列 1>
RETURN [TO MASTER]
```

【说明】

1）PROCEDURE 命令表示一个过程的开始，并为过程命名。过程名必须以字母或下画线开头，可包含字母、数字和下画线。

2）RETURN 表示控制的返回。一般来说，一个过程至少应有一条返回语句 RETURN。不含 RETURN 的语句，默认控制返回到调用该过程的程序中的下一条命令处。

3）带有[TO MASTER]的 RETURN 语句一般在过程嵌套中使用，将控制权返回给最高层的调用程序。

4）含有 PARMERTERS<形参表>的过程，称为“有参过程”，否则称为“无参过程”。形参表中的各个形参需用逗号分隔开。

2. 过程文件的建立

过程文件里只包含过程，这些过程可以被其他任何程序调用。打开一个过程文件的同时也打开了它所包含的所有过程，过程文件的建立方法与程序文件相同，用 MODIFY COMMAND <过程文件名>命令或调用其他文字编辑软件来建立，扩展名仍然是.prg。

过程文件的一般结构如下。

```
PROCEDURE <过程名 1>
    <命令序列 1>
RETURN

PROCEDURE <过程名 2>
    <命令序列 2>
RETURN
……
PROCEDURE <过程名 N>
    <命令序列 N>
RETURN
```

用上面的方法可以将 N 个过程组织存储在一个过程文件中。

过程文件中的每个过程通过<过程名>标识，由 PROCEDURE<过程名>语句开头，RETURN 语句结尾。每个过程都是独立的，各个过程之间没有必然的联系。

注意：“过程文件”的命名与过程文件中<过程名>是不同的两个概念，不要混淆。

3. 过程文件的打开与关闭

（1）过程文件的打开

调用某个过程文件中的过程时，必须先打开该过程文件，使用完毕之后要关闭。打开过程文件的命令如下。

【格式】SET PROCEDURE TO[<过程文件 1>[,<过程文件 2>,…][ADDITIVE]

【说明】任何时候系统只能打开一个过程文件。打开一个新的过程文件时，原已打开的过程文件自动关闭。如果选用 ADDITIVE，那么在打开过程文件时并不关闭原先已打开的过程文件。

（2）过程文件的关闭

关闭过程文件可用下列命令。

【格式 1】SET PROCEDURE TO

【格式 2】CLOSE PROCEDURE

【说明】这里讨论的模块主要是指过程文件和命令文件里的代码。而过程的调用需要它所在的过程文件处于打开状态。

4. 模块的调用

模块调用的两种格式如下。

【格式 1】DO 【过程名】 | <文件名>

【格式 2】<文件名> | <过程名>( )

【说明】以上两种格式中，若模块是程序文件的代码，则用<文件名>，否则用<过程名>。格式 2 既可以作为命令使用，也可以作为函数出现在表达式中。在这里，<文件名>不能包含扩展名。

【例 6.20】编写程序，求半径为 2、4、6、8 和 10 的圆的面积和周长。

```
*本程序的文件名为：prog20.prg
SET TALK OFF
SET PROCEDURE TO ROUND
l=0
a=0
FOR i=2 TO 10 STEP 2
    DO AREA WITH I,a
    DO CIRCLE WITH I,l
    ?"半径=",i
    ?"面积=",a
    ?"圆周长=", l
    ?
ENDFOR
SET PROCEDURE TO
*过程文件 ROUND.PRG
PROCEDURE AREA
    PARAMETERS R,T
    T=PI()*R*R
RETURN
PROCEDURE CIRCLE
    PARMETERS R,T
    T=2*PI()*R
RETURN
```

6.4.3　参数传递

模块程序可以接收调用程序传递过来的参数，并能够根据接收的参数控制程序流程或对接收到的参数进行处理。

接收参数的命令格式如下。

```
PARAMATERS <形参变量 1>[, <形参变量 2>,…]
```

调用模块程序的格式如下。

【格式 1】DO　<文件名> | <过程名> WITH <实参 1>[,<实参 2>,…]

【格式 2】<文件名> | <过程名>(<实参 1>[,<实参 2>,…])

【说明】

1）DO 命令<参数表>中参数称为实际参数（简称实参），PARAMATERS 命令<参数表>

中的参数称为形式参数（简称形参）。实参可以是常量、变量，也可以是任意合法的表达式。调用模块时，系统会自动把实参传递给形参。

2）两个<参数表>中的参数必须相容，即个数相同，类型和位置一一对应；多余的形参取初值逻辑假（.F.)。

3）Visual FoxPro 的参数传递规则为：采用格式 1 调用模块时，若实参是常数或表达式则传值，即系统会计算出实参的值，并把它们赋值给相应的形参；若实参是变量则传地址（引用传递），即传递的不是实参变量的值而是实参变量的地址，这样，过程中对形参变量值的改变也将使实参变量值改变。如果实参是内存变量而又希望进行值传递，可以用圆括号将该内存变量括起来，强制该变量以值方式传递数据。采用格式 2 调用模块程序时，默认情况下都按值方式传递参数。如果是实参变量，可以通过 Set udfparms 命令重新设置参数传递的方式，语法格式如下。

【格式】SET UDFPARMS TO VALUE|REFERENCE

【说明】

- to value：按值传递。形参变量值的改变不会影响实参变量的取值。
- to reference：按引用传递。形参变量值改变时，实参变量值也随之改变。

【例 6.21】按值传递和按引用传递示例。

```
*本程序的文件名为:prog21.prg
CLEAR
STORE 10 TO a,b
SET UDFPARMS TO VALUE
DO TEST WITH a,(b)
?"第一次:",a,b
STORE 10 TO a,b
TEST(a,(b))
? "第二次:",a,b
SET UDFPARMS TO  REFERENCE
DO TEST WITH a,(b)
? "第三次:",a,b
STORE 10 TO a,b
TEST(a,(b))
? "第四次:",a,b
*过程 TEST
PROCEDURE TEST
   PARAMETERS a,b
   STORE a+1 TO a
   STORE b+1 TO b
ENDPROC
```

运行结果如下。

```
第一次:     11     10
第二次:     10     10
```

```
第三次：         11          10
第四次：         11          10
```

6.4.4 自定义函数

Visual FoxPro 提供了许多系统函数，用户也可以根据需要自己定义和编写函数。自定义函数和过程一样，可以以独立的程序文件形式存储在磁盘上，也可以放在过程文件或直接放在程序文件中。

1. 自定义函数的定义

【格式】

FUNCTION <函数名>

  PARAMETERS <参数表>

  <函数体命令序列>

RETURN <表达式>

自定义函数的调用语法与系统函数的调用相同。

【说明】

1）FUNCTION 是函数的标识符，后面是函数名。自定义函数不能与系统函数和内存变量同名。

2）PARAMETERS 用于定义函数中的形参，用来接收主程序中的数据。

3）<函数体命令序列>由若干命令组成。

4）RETURN <表达式>用于返回函数值，其中<表达式>的值就是函数值。若省略该语句或省略<表达式>，函数返回值为.T.。

2. 自定义函数的调用

自定义函数与系统函数调用方法相同，语法格式如下。

【格式】函数名([参数表])

【例 6.22】计算圆的面积。

```
*本程序的文件名为：prog22.prg
SET TALK OFF
CLEAR
INPUT "请输入圆的半径： " TO R
? "圆的面积为： ",AREA(R)
SET TALK ON

FUNCTION  AREA              && 计算面积的函数
   PARAMETER   X            && 形参说明
RETURN (3.1416*X**2)
```

运行结果如下。

```
请输入圆的半径：2
圆的面积为：12.566400
```

6.4.5 变量的作用域

调用过程时参数传递是一个重要问题。对于有参过程，一般采用前面介绍的通过形参与实参结合的方法来传递数据。如果被调用的过程是无参数的，那么数据的传递就只能用内存变量。但内存变量除了有类型之分外，还存在一个变量作用域问题。变量作用域是指一个变量的有效范围，也就是说在什么情况下是可以被访问到的。

在 Visual FoxPro 中，根据内存变量的作用域，可分为全局变量、局部变量和私有变量。

1. 全局变量

全局变量（公共变量）是指在所有程序模块中都有效的内存变量。

在程序或过程中定义全局变量的语法格式如下。

【格式】PUBLIC <内存变量表>

【说明】

1）该命令的功能是建立公共的内存变量。当定义多个变量时，各变量名之间用逗号分隔开。

2）用 PUBLIC 语句定义过的内存变量，在程序执行期间可以在任何层次的程序模块中使用。

3）全局变量的初始值为逻辑假（.F.）。

4）在命令窗口中直接使用而由系统自动隐含建立的变量也是全局变量。

2. 局部变量

局部变量只能在建立它的模块中使用，不能在上层或下层模块中使用。当建立它的模块程序运行结束时，局部变量自动释放。局部变量用 LOCAL 命令建立。

【格式】LOCAL <内存变量表>

【说明】

1）该命令用于建立局部内存变量，并为它们赋值逻辑假（.F.）。

2）由于 LOCAL 与 LOCATE 前四个字母相同，所以该命令不能缩写。

3. 私有变量

在程序中直接使用（没有通过 PUBLIC 和 LOCAL 命令事先声明）而由系统自动隐含建立的变量都是私有变量。私有变量的作用域是建立它的模块及其下属的各层模块。一旦建立它的模块程序运行结束，这些私有变量将自动清除。

4. 隐藏变量

在模块化的程序设计中经常出现以下情形，主程序与子程序不一定是同一个人编写的，编写子程序的人不可能对主程序用到的变量了解得非常清楚，这样就会出现子程序中使用的变量主程序已使用过，子程序的运行会无意间改变主程序中变量的值。为了解决这个问题，可以在子程序中使用 PRIVATE 命令隐藏主程序中可能存在的变量，使得这些变量在子程序中暂时无效。

【格式】PRIVATE<内存变量表>

【说明】该命令的功能是隐藏指定的在上层模块中可能已经存在的内存变量，使得这些变量在当前模块程序中暂时无效。这样，这些变量名就可以用来为当前模块或其下属模中需要的私有变量或局部变量命名，并且不会改变上层模块中同名变量的取值。当前模块程序运行结束返回上层模块时，那些被隐藏的内存变量就自动恢复有效性，并保持原有的取值。

【例 6.23】变量的作用域的应用。

```
*本程序的文件名为：prog23.prg
SET TALK OFF
CLEAR
PUBLIC a,b
a=10
b=20
DO SUB1
?a,b
SET TALK ON
RETURN
*SUB1.prg
PRIVATE b
a=100
b=200
RETURN
```

习　题　6

一、选择题

1．结构化程序设计的三种基本逻辑结构是（　　）。

A．选择结构、循环结构和嵌套结构

B．顺序结构、选择结构和循环结构

C．选择结构、循环结构和模块结构

D．顺序结构、递归结构和循环结构

2．在 DO WHILE-ENDDO 循环结构中，LOOP 命令的作用是（　　）。

A．退出过程，返回程序开始处

B．终止程序执行

C．转移到 DO WHILE 语句行，开始下一个判断和循环

D．终止循环，将控制转移到本循环结构 ENDDO 后面的第一条语句继续执行

3．下面程序的运行结果是（　　）。

```
x=0
FOR i=1 TO 3
    FOR j=1 TO i
```

```
            FOR k=j  TO 3
                  x=x+1
            ENDFOR
    ENDFOR
ENDFOR
?x
```

A. 9　　B. 14　　C. 18　　D. 21

4. 下面程序的运行结果是（　　）。

```
DO CASE
    ?"ABCD"
    CASE .T.
    ?"1234"
    CASE .F.
    ? "456"
ENDCASE
```

A. 1234　　B. 456　　C. ABCD　　D. F

5. 将内存变量定义为全局变量的 VISUAL FOXPRO 命令是（　　）。

A. PRIVATE　　B. PUBLIC　　C. LOCAL　　D. DIMENSION

6. 下面程序的运行结果是（　　）。

```
s=1
DO WHILE s<50
    s=s*3
    ??s
ENDDO
```

A. 3　9　27　　B. 9　3　27　　C. 9　27　81　　D. 3　9　27　81

7. 下面程序的循环共执行了（　　）次。

```
FOR  I=1  TO 10
    ?I
    I=I+1
ENDFOR
```

A. 10　　B. 5　　C. 0　　D. 出错

8. 自定义函数的出口语句是（　　）。

A. FUNCTION　　B. ENDFUNC　　C. ENTER　　D. GOTO

9. 若使自定义函数向调用程序返回一个值，应使用（　　）语句。

A. ENDFUNC　　B. END　　C. RETURN　　D. ENDPROC

10. 建立名为 TEST 的程序文件，以下命令中正确的是（　　）。

A. CREATE test.prg　　B. CREATE COMMAND test.prg

C. MODIFY test.prg　　D. MODIFY COMMAND test

二、填空题

1. 执行下面程序，s 的值为________。

```
SET TALK OFF
CLEAR
s=0
FOR i=1 to 20
   IF MOD(I,4)=0
          s=s+I
   ENDIF
ENDFOR
?s
SET TALK ON
RETURN
```

2. 执行下面程序，x 的值为________。

```
SET TALK OFF
CLEAR
x=0
FOR i=1 TO 15 STEP 2
   x=x+I
ENDFOR
?x
SET TALK ON
RETURN
```

3. 执行下面的程序，当输入 20 之后，输出结果是________。

```
INPUT "请输入一个数"  TO x
IF x>0
   y=2*x+5
ELSE
   y=10*x-5
ENDIF
?y
```

4. 有如下程序，假定从键盘输入的 a 的值一定是数值型，输出结果是________。

```
INPUT TO a
IF a=10
   s=0
ENDIF
s=1
?s
```

5．下列程序执行以后，内存变量 y 的值是________。

```
CLEAR
x=12345
y=0
DO WHILE x>0
   y=y+x%10
   x=int (x/10)
ENDDO
?y
```

6．想执行 temp.prg，应该执行的命令是________。

7．MODIFY COMMAND 命令建立的文件的默认扩展名是________。

8．执行下列程序后 s 的值为________。

```
SET TALK OFF
s=0
p=10
DO WHILE p<=15
   p=p+1
   s=s+p*2
ENDDO
?s
```

9．要终止执行中的命令或程序，应按________键。

10．下面程序是根据 XSDB.dbf 数据表中的计算机成绩和英语成绩对奖学金做出的相应调整：双科 90 分以上（包括 90）的每人增加 30 元；双科 75 分以上（包括 75）的每人增加 20 元；其他人增加 10 元。请在空白处填上适当的内容，使程序完整。

```
   USE XSDB
DO WHILE _______
   DO CASE
    CASE 计算机>=90.AND.英语>=90
      REPLACE 奖学金 WITH 奖学金+30
    CASE 计算机>=75.AND.英语>=75
      REPLACE 奖学金 WITH 奖学金+20
      _______
      REPLACE 奖学金 WITH 奖学金+10
   ENDCASE
   _______
ENDDO
```

11．显示输出图形：

```
   *
  ***
```

```
    *****
   *******
```

请在空白处填上适当的内容，使程序完整。

```
SET TALK OFF
CLEAR
R=1
CC=10
DO WHILE R<=4
   S=1
   DO WHILE S<=2*R-1
      @R,CC SAY "*"
      CC=CC+1
      S=S+1
   ENDDO
   CC=10-R
   ______
ENDDO
RETURN
```

12．显示输出图形：

```
     *
    ***
   *****
```

请在空白处填上适当的内容，使程序完整。

```
CLEA
I=1
DO WHILE I<=3
   ?SPAC（10-I）
   J=1
   DO WHILE J<=2*I-1
     ______
     ______
  ENDDO
______
ENDDO
```

13．在数据表 xsdb.dbf 中查找学生王迪，若找到，则显示学号、姓名、英语成绩、出生年月日，否则提示“查无此人!”。请在空白处填上适当的内容，使程序完整。

```
______
XM="王迪"
______姓名=XM
IF FOUN()
```

```
    _______学号，姓名，英语成绩,出生年月日
ELSE
  ? "查无此人！"
ENDIF
USE
RETURN
```

14．实现求 0～100 的奇数之和，超出范围则退出。请在空白处填上适当的内容，使程序完整。

```
CLEARSTORE 0 TO _______
DO WHILE_______
     i=i+1
     IF MOD(i,2)<>0
       _______
     ENDIF
ENDDO
?S
```

15．下面程序的运行结果为________。

```
DIMENSION s(5,2)
c=0
a=1
DO WHILE a<=5
   b=1
   DO WHILE b<=2
          STORE a+b TO s(a,b)
          b=b+1
   ENDDO
   a=a+1
ENDDO
a=5
DO WHILE a>=1
   b=2
   DO WHILE b>=1
          c=c+s(a,b)
          b=b-1
   ENDDO
   a=a-1
ENDDO
?c
```

16．下面程序的运行结果为______。

```
k=3
m=30
STORE 0 TO a,b
```

```
DO WHILE .T.
    a=a+1
    IF INT(a/k)=a/k
            LOOP
    ELSE
            IF a>=m
            EXIT
    ELSE
            b=b+a
    ENDIF
    ENDIF
ENDDO
?b
```

17. 下面程序的运行结果为______。

```
A=5
STORE 0 TO S
STORE 1 TO P1,P2
I=1
DO WHILE I<=A
    S=S+P1+P2
    P1=P1+P2
    P2=P2+P1
    I=I+1
ENDDO
?s
```

18. 下面程序为在数据库表 DB1 中求性别为男的记录数。请在空白处填上适当的内容，使程序完整。

```
SET TALK OFF
CLEAR
X=0
USE DB1
_______
X=X+1
ENDSCAN
USE
?X
SET TALK ON
RETURN
```

19. 下面程序为数据表 DB1 和数据表 DB2 按姓名建立关联，请在空白处填上适当的内容，使程序完整。

```
SET TALK OFF
```

```
CLEAR
SELECT 1
USE DB1
SELECT 2
USE DB2
INDEX ON 姓名 TO xm
SELECT  1
_______ INTO b
SET TALK ON
RETURN
```

20．下面程序的功能为实现符号函数。请在空白处填上适当的内容，使程序完整。

```
SET TALK OFF
CLEAR
@10,10 SAY "x=" GET x  DEFAULT 0
READ
DO CASE
   CASE x>0
   y=1
   CASE x=0
   y=0
   _______
   y=-1
ENDCASE
?y
SET TALK ON
RETURN
```

21．下面程序的功能是在图书数据表 TS.dbf（其中包括编号、书名、作者、单价等字段）中统计作者人数及每位作者的著作数。请在空白处填上适当的内容，使程序完整。

```
SET TALK OFF
CLEAR
USE TS
INDEX ON 作者 TO TSS
n=0
DO WHILE .NOT.EOF()
   s=作者
   SUM=0
   DO WHILE  作者=s
   _______
   SKIP
ENDDO
?"作者"+s+"数量"+STR(SUM,2)
n=n+1
```

```
?"作者总人数："+STR(n,3)
USE
SET TALK ON
RETURN
```

22．下面程序的功能是任意输入一个字符串，将该字符倒过来显示。请在空白处填上适当的内容，使程序完整。

```
SET TALK OFF
CLEAR
ST2=SPACE(0)
ACCEPT "请输入一个字符串：" TO ST1
L=LEN(st1)
i=1
DO WHILE i<=L
   c=_______
   ST2=ST2+c
   i=i+1
ENDDO
?"输出字符串为:" +ST2
SET TALK ON
RETURN
```

第 7 章　表单设计与应用

表单是 Visual FoxPro 提供的用于创建应用程序界面的主要工具之一。表单内可以包含命令按钮、文本框、列表框等各种元素，生成标准的窗口和对话框。本章首先简单介绍面向对象的基本概念及 Visual FoxPro 中的基类，然后介绍表单的创建与管理、表单设计器环境及在该环境下的一些操作，如控件的添加、删除、布局及表单数据环境的设计，最后介绍一些常用的表单控件。

7.1　面向对象概述

面向对象程序设计中，对象是组成软件的基本元件。用“对象”表示各种事物，用“类”表示对象的抽象，用“消息”实现对象之间的联系，用“方法”实现对象处理的过程。

1. 对象

对象是一个具有各种属性（参数）和方法（程序代码）的实体。一个对象建立后，就可通过该对象的属性和方法对其进行描述和操作。

在进行面向对象程序设计时，首先要考虑的是如何创建对象，其次考虑对象的功能和可以进行的操作。其中应该包含以下几个要点。

1）用户希望能够达到的反映用户意图的目标。

2）为实现这一目标，对象应具备的环境、状态、条件（数据环境）。

3）以这一目标为中心，对象应该具有的可以实施的功能及配套参数。

4）作为一个完备的整体所应配备的最佳结构体系。

5）为了便于用户使用，提供最佳接口和交互式操作界面。

2. 类

类是对具有相同属性特征和行为规则的多个对象的一种统一描述。在 Visual FoxPro 中，类就像一个模板，对象都是由它生成的。类定义了对象所具有的属性、事件和方法，从而决定了对象的外观和它的行为。对象可以看成是类的实例。

Visual FoxPro 提供了 29 个基类，用户既可以从基类创建对象，也可由基类派生出子类。因此为了更好地使用类，必须了解 Visual FoxPro 中基类的类型、属性、事件、方法等内容。

3. 事件与响应

事件是由外部实体作用在对象上的一个动作。在面向对象方法中，作用在对象上的事件包括对象的创建、释放、收到其他对象发来的消息等。对于一些可视对象，如命令按钮等，其最常见的事件往往是一些鼠标动作，如“单击”、“双击”、“拖放”或修改对象数据等。当作用在对象上的某个设定事件发生时，与该事件相联系的“方法程序”（当然假设对象的设计者设计了该程序并与对象一同封装）就运行并完成该程序的功能。

4. 事件代码与方法代码

两者都是定义在某个对象中的一个程序过程。事件代码可以由一个事件触发运行，而一般方法程序没有一个与之对应的事件触发，必须靠其他程序调用才能得以运行。因为不能为对象建立新的事件，所以一个对象包含的事件代码是确定的，不能增加。而一个对象中所包含的方法代码是可以任意增加的，就像在一个程序中可以使用任意多个过程和函数一样。

在 Visual FoxPro 系统中，可以使用表单控件来构造表单。设计一个表单，实际上是在表单中添加控件并对控件的属性、事件和方法代码进行设计。

7.2 表单的基础知识

表单是 Visual FoxPro 中面向对象程序设计的基本工具。一个表单是具有属性、事件、方法程序、数据环境和其他控件的容器类对象。在一个表单中可以包含其他控件，表单通过控件为用户提供图形化的操作环境。它的主要用途是显示并输入/输出数据，完成某种具有特定功能的操作，构造用户和计算机相互沟通的界面。

1. 表单控件

表单中的控件有两类：与数据绑定的控件和不与数据绑定的控件。与数据绑定的控件与数据源（表、视图、表与视图的字段或变量等）有关，这类控件需要设置控制源（control source）属性。另一类不与数据绑定的控件不需要设置控制源属性，用户对控件输入或选择的值只作为属性设置，该值不保存。

根据表单控件的主要功能，一般可以将它们分为以下 5 类。

1）输出类控件：标签、图像、线条、形状。

2）输入类控件：文本框、编辑框、列表框、组合框、微调控件。

3）控制类控件：命令按钮、命令按钮组、复选框、选项按钮组、计时器。

4）容器类控件：表格、页框、容器。

5）连接类控件：Active X 控件、Active X 绑定控件、超级链接。

2. 表单属性

表单属性定义表单及其控件的性质、特征，每个表单及其控件都有一组属性，通常这些属性的大多数都是相同的。表单及控件的属性可以通过“属性”窗口在设计时设置，也可通过编写代码在表单执行时设置。表单和控件中有些属性具有通用性，另外一些属性则具有特定性。

3. 表单事件

表单事件是表单可以识别和响应的行为和动作。事件识别和响应是面向对象程序设计中实现交互操作的手段。表单和控件的事件是由系统事先规定的，用户不能在对象上增加或减少事件。一个事件对应于一个方法程序，称为事件过程。当一个事件被触发时，系统执行与该事件对应的过程代码。事件过程执行完毕后，系统又处于等待某事件发生的状态，这种控制机制称为事件驱动方式。

4. 表单的方法程序

表单的方法程序是对象能够执行的、完成相应任务的操作命令代码的集合，是 Visual FoxPro 为表单及其控件内定的通用过程。方法程序过程代码由 Visual FoxPro 系统定义，对于用户是不可见的，但可以通过代码编辑窗口对其进行增加。

5. 表单的数据环境

如果表单或表单集的功能与一个数据表或视图有关，通常应包含一个数据环境。表单的数据环境是指在创建表单时需要打开的全部表、视图和关系。在表单的数据环境中，可以添加与表单相关的数据或视图，并设置好表单、控件与数据表或视图中字段的关联，形成一个完整的数据体系。

7.3 创建与管理表单

在 Visual FoxPro 中，可以通过表单向导和表单设计器设计表单。使用表单向导设计表单时，用户只需要根据系统提示进行简单的操作即可生成具有一定功能的表单。对于具有个性化功能要求的表单，则需要通过表单设计器由用户自行设计表单的每一个细节。

表单向导是通过使用 Visual FoxPro 系统提供的功能快速生成表单程序的手段。使用表单向导可以创建两种表单：选择“表单向导”选项可以创建基于一个表的表单；选择“一对多表单向导”选项可以创建基于两个具有一对多关系的表的表单。

7.3.1 使用表单向导创建表单

打开项目管理器，单击“文档”选项卡，从中选择“表单”选项，然后单击“新建”按钮，在弹出的“新建表单”对话框中单击“表单向导”按钮；在菜单栏中选择“文件/新建”命令。或者单击工具栏上的“新建”按钮，弹出“新建”对话框，在“文件类型”栏中选择“表单”选项，然后单击“向导”按钮；在菜单栏中选择“工具/向导/表单”命令，或直接单击“常用”工具栏上的“表单向导”按钮。

【例 7.1】使用表单向导生成一个表单，该表单包含学生表的学号、姓名、性别、院系编号 4 个字段，按学号升序排序，其他设置采用默认值，并将表单保存为文件 student.scx。

1）启动表单向导。可采用前面介绍的任一种方法启动表单向导，弹出“向导选取”对话框，如图 7-1 所示，选择“表单向导”选项，单击“确定”按钮。

2）字段选取。如图 7-2 所示，在“数据库和表”下拉列表框中选择数据库“学生成绩管理.dbc”，在数据表列表框中选择表“学生”（若在“项目管理器”中打开表单向导，“数据库和表”下拉列表框中会自动加载项目中的数据库和表），并选择全部字段，把所有字段添加到“选定字段”列表框中，单击“下一步”按钮。

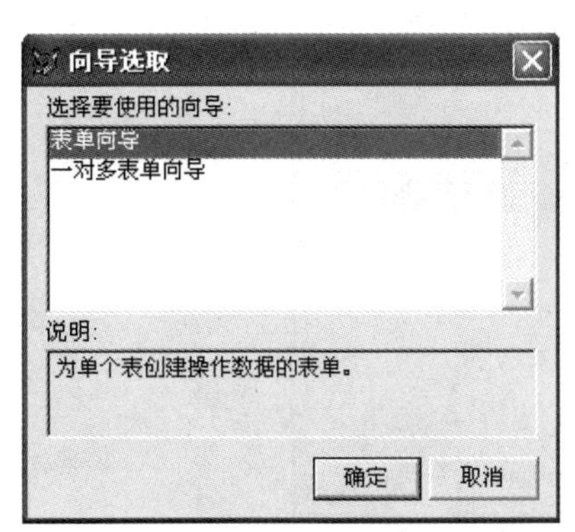

图 7-1　“向导选取”对话框

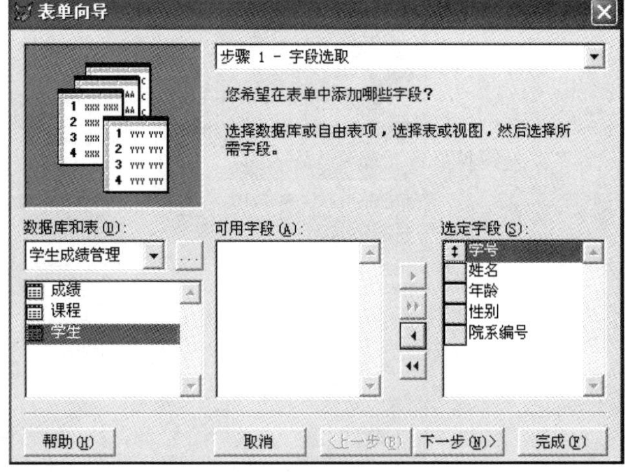

图 7-2　字段选取

3）选择表单样式和按钮类型。如图 7-3 所示，在“样式”列表框中选择“标准式”（默认），在“按钮类型”选项组中点选“文本按钮”单选按钮（默认）。左上角的放大镜显示的是选择的表单样式，单击“下一步”按钮。

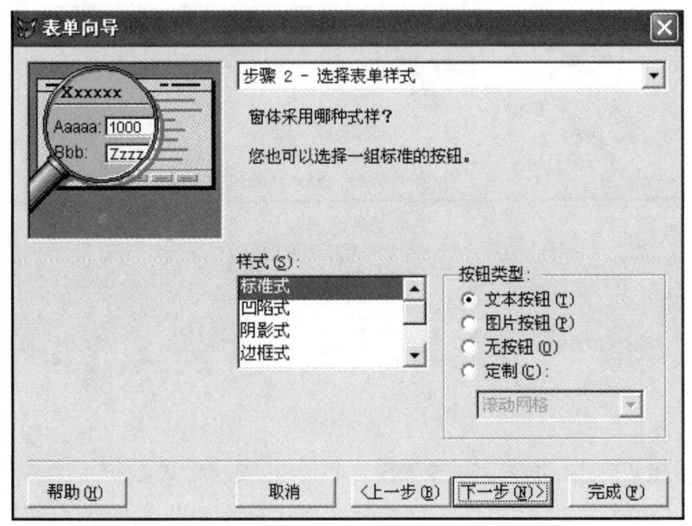

图 7-3　选择表单样式

4）如图 7-4 所示，选定“学号”字段，点选“升序”单选按钮，再单击“添加”按钮，单击“完成”按钮。

5）输入表单标题。这里保留默认的表单标题“student”，单击“完成”按钮，如图 7-5 所示。

6）在弹出的“另存为”对话框中输入表单名“student”，再单击“保存”按钮，即可生成表单。

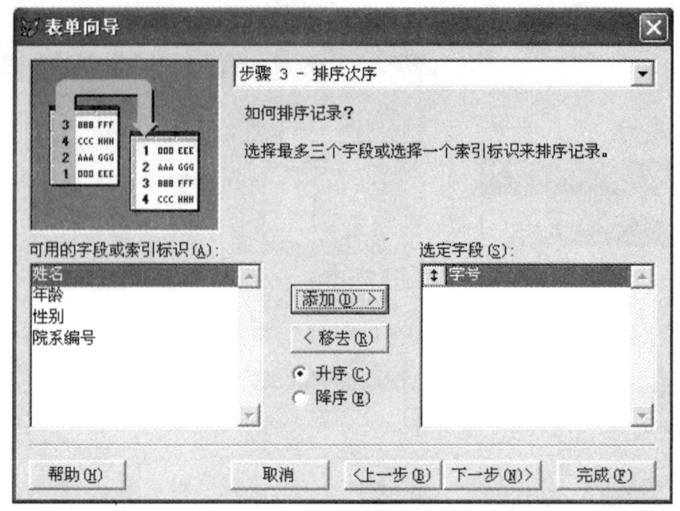

图 7-4　选择排序字段

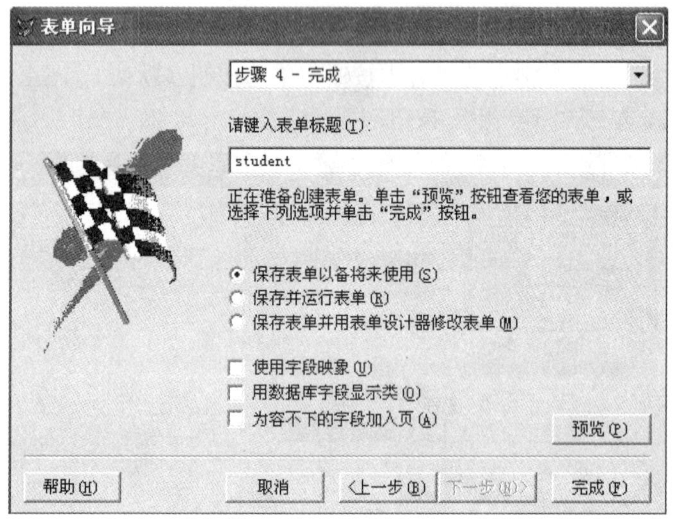

图 7-5　输入表单标题

【例 7.2】利用报表向导创建一对多表单，以学生成绩管理数据库“中学生”表为父表，选择其中的“学号”“姓名”“院系编号”字段；以“成绩表”为子表，选择全部字段。表之间的关联通过“学号”字段实现，表单样式为标准式，按钮类型为文本按钮，排序方式为按学号升序，表单标题为“学生成绩单”，最后将生成的表单保存为 student-score.scx。

1）采用前面介绍的任一种方法启动表单向导，弹出“向导选取”对话框，如图 7-6 所示，选择“一对多表单向导”选项，单击“确定”按钮，弹出如图 7-7 所示的对话框。

2）在图 7-7 中指定父表，并选取显示在表单中的父表中的字段。本例指定学生表作为父表，并把表中的“学号”“姓名”和“院系编号”字段添加到“选定字段”列表框中，单击“下一步”按钮，弹出如图 7-8 所示的对话框。

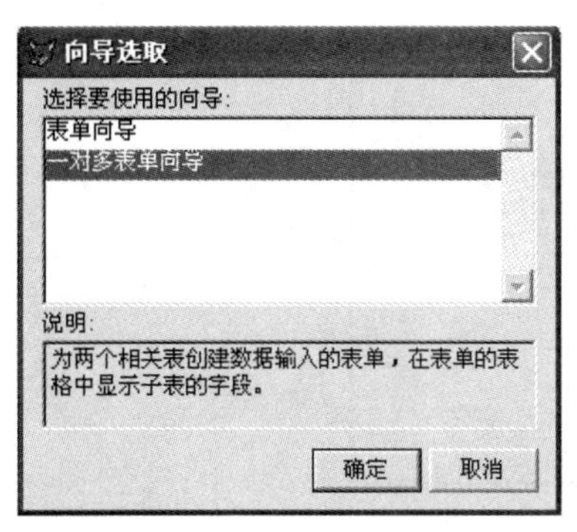

图 7-6　选择“一对多表单向导”

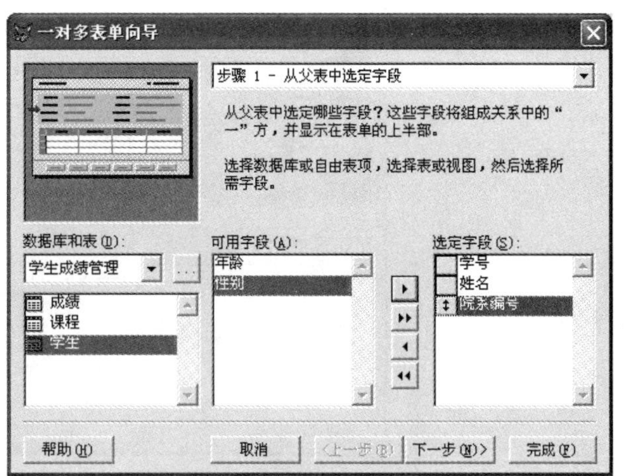

图 7-7　选择父表和字段

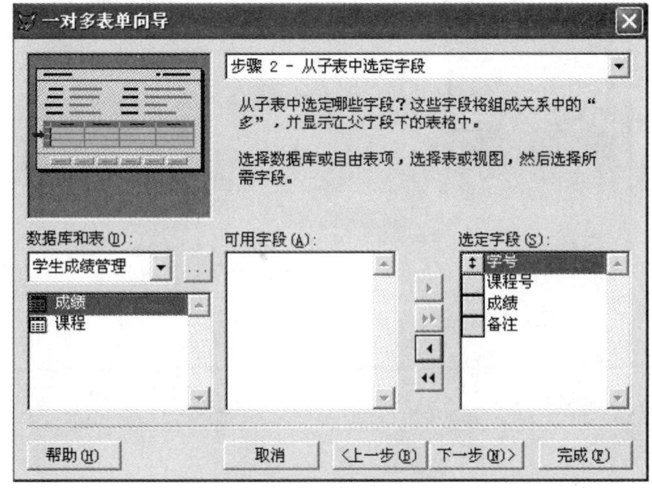

图 7-8　选择子表和字段

3）在图 7-8 中选择成绩学生基本情况表作为子表，并把表中的若干字段添加到“选定字段”列表框中，单击“下一步”按钮，弹出如图 7-9 所示的对话框。

4）在图 7-9 中建立表之间的关系，两个表间的关联关系为“学号”对“学号”。如果本例中两个数据表在数据库中已建立永久性关联，系统以默认值显示该关联关系。但如果两个表没有永久性关联，并且关联字段名不相同，系统不会默认指定，要由用户确定。单击“下一步”按钮，弹出如图 7-10 所示的对话框。

5）在图 7-10 中选择表单样式。本例中表单样式为“标准式”，按钮类型为“文本按钮”，单击“下一步”按钮，弹出如图 7-11 所示的对话框。

6）在图 7-11 中选择排序字段。和表单向导中的对应部分一样，应根据实际情况选择。本例中选择“学号”为排序字段，单击“下一步”按钮，弹出如图 7-12 所示的对话框。

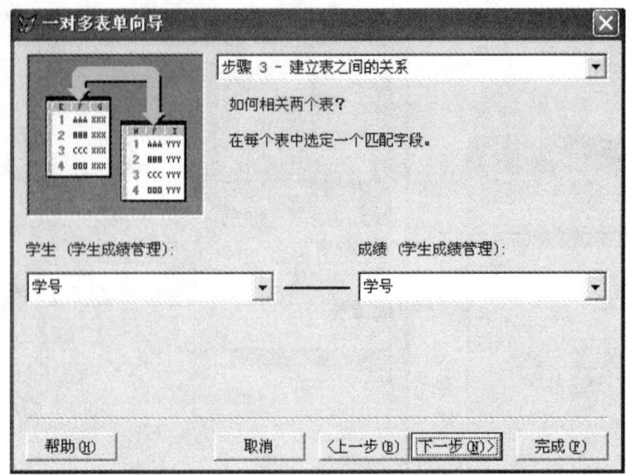

图 7-9　建立表之间的联系

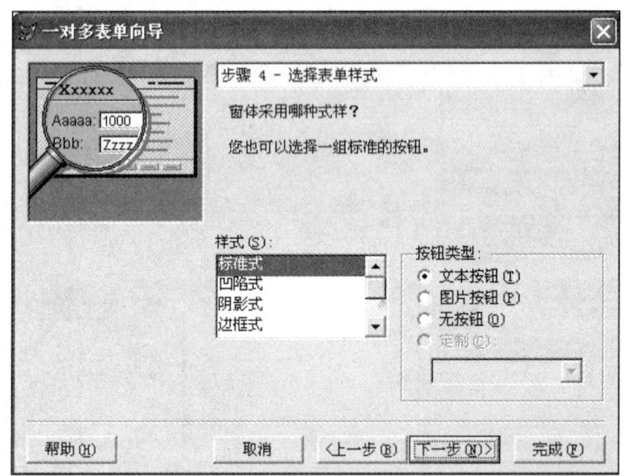

图 7-10　选择表单样式

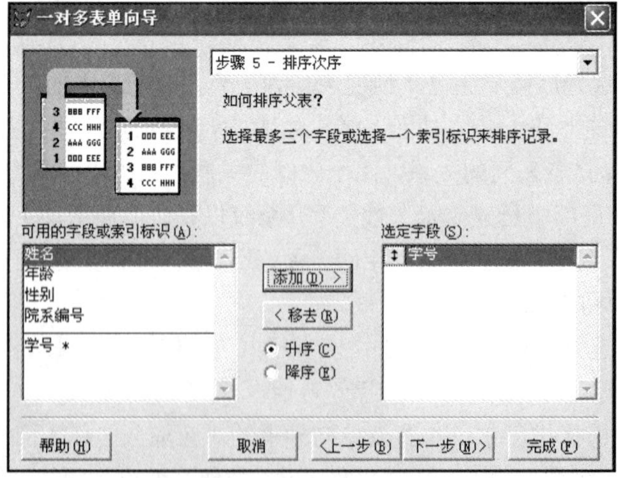

图 7-11　选择排序字段

7）在图 7-12 所示的对话框中点选“保存表单以备将来使用”单选按钮。单击“预览”按钮，打开表单预览窗口，可以观察表单效果，单击“返回向导”按钮，返回表单向导，如图 7-12 所示，单击“完成”按钮，弹出“另存为”对话框，这时将表单文件保存为 student_score.scx。

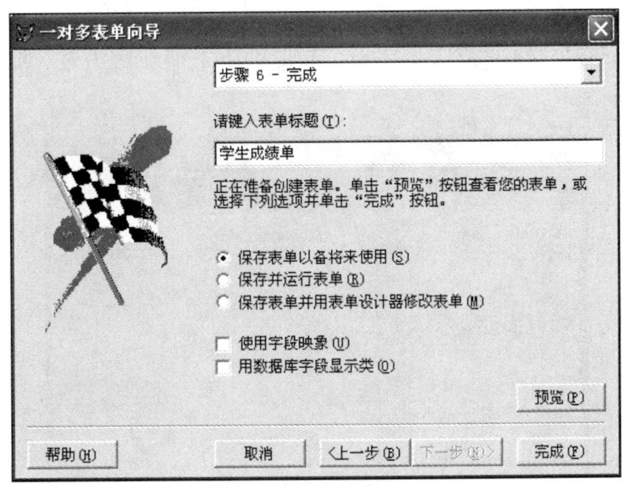

图 7-12　保存表单

在命令窗口输入 DO FORM student_score.scx，运行该表单，打开“一对多表单的运行”界面，如图 7-13 所示，上半部分的是父表“学生表”中的数据，下半部分是子表“成绩表”中的数据，可以通过“前一个”、“下一个”等命令按钮移动学生表中的记录指针。由于建立了“学生表”与“成绩表”两表间关于“学号”字段的对应关系，当“学生表”中的记录指针移动后，表单下半部分表格中的数据会相应改变，如图 7-13 所示。

学生成绩单

学号: s1　姓名: 徐啸　院系编号: 2

学号	课程号	成绩	备注
s1	c1	80.0	
s1	c2	85.0	
s1	c6	75.0	
s1	c4	56.0	
s1	c5	90.0	

第一个(T)　前一个(P)　下一个(N)　最后一个(B)　查找(F)　打印(R)　添加(A)　编辑(E)　删除(D)　退出(X)

图 7-13　一对多表单 student_score.scx 运行界面

7.3.2　使用表单设计器创建、修改及运行表单

1. 使用表单设计器创建表单

1）在项目管理器中选择“文档”选项卡，然后再选择其中的表单图标，单击右侧的“新建”按钮，在弹出的“新建表单”对话框中单击“新建表单”按钮。

2）在菜单栏中选择“文件/新建”命令，弹出“新建”对话框，指定文件类型为“表单”，

然后单击“新建文件”按钮；在项目管理器中选择“文档”选项卡中的“表单”选项，然后单击“新建”按钮，并在弹出的“新建表单”对话框中选择“新建表单”选项，打开表单设计器。

3）在命令窗口中输入 CREATE FORM。

使用表单设计器创建、修改及运行表单，不管采用上面哪种方法，都将打开表单设计器，如图 7-14 所示。

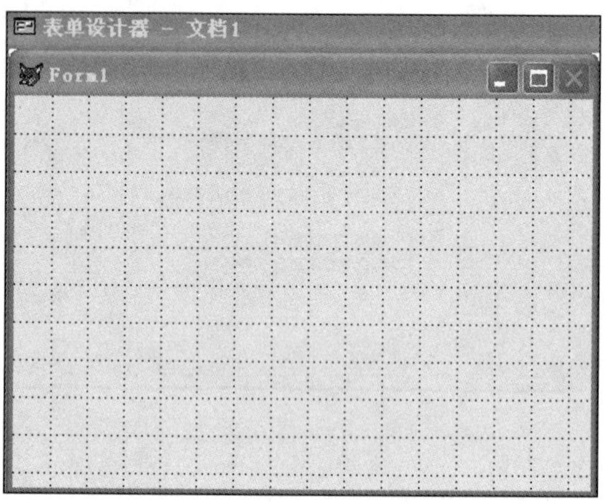

图 7-14　表单设计器

2. 修改已有的表单

修改已有表单，首先使用以下方法之一来打开表单。

1）在菜单栏中选择“文件/打开”命令，在弹出的“打开”对话框中选择需要修改的文件，单击“确定”按钮。

2）在命令窗口中输入 MODIFY FORM <表单名>。

3）在项目管理器中单击“文档”选项卡，选择需要修改的表单文件。

3. 运行表单

运行表单的方法有以下 3 种。

1）在命令窗口中输入 DO FORM <表单名>。

2）在菜单栏中选择“表单/运行”命令，或直接单击工具栏上的“运行”按钮。

3）在项目管理器中单击“文档”选项卡并指定要运行的表单，单击“运行”按钮。

7.4　表单设计器

7.4.1　表单设计器环境

启动表单设计器后，Visual FoxPro 主窗口中打开表单设计器、“属性”窗口、“表单控件”工具栏、“表单设计器”工具栏，并且在菜单栏中会出现“表单”菜单。

1. 表单设计器

表单设计器内含正在设计的表单窗口，在表单窗口上可视化地添加和修改控件。表单窗口只能在表单设计器窗口内移动。

2. “属性”面板

如果在表单设计器中没有出现“属性”面板，可在菜单栏中选择“显示/属性”命令。在对象下拉列表框中选择一个对象，或者在表单中选择一个对象后，“属性”窗口即显示该对象的属性，如图 7-15 所示。在“属性”窗口中更改了某属性的值后，新的属性值在属性列表框中以“黑体”字形显示。有的属性用“斜体”显示，表示该属性的值不能更改。默认情况下，事件或方法都以“默认过程”显示，若用户为事件或方法编写了程序代码，则显示为“用户自定义过程”。可直接在属性设置框中输入一个新的值或表达式，输入表达式时须用等号（=）开头，也可单击设置框右侧的下拉按钮，在下拉列表框中选择一个符合要求的属性值。可单击位于设置框左侧的按钮，启动“表达式生成器”，用表达式的值作为属性的值。通过对属性的修改，可以更改表单的相关属性，设置事件，调用方法。

3. “表单控件”工具栏

单击“表单设计器”工具栏上的“表单控件工具栏”按钮，或在菜单栏中选择“显示/工具栏”命令，可以打开或关闭“表单控件”工具栏。设计表单的主要任务就是利用“表单控件”设计交互式用户界面。“表单控件”工具栏是表单设计的主要工具，内含控件按钮和 4 个辅助按钮，如图 7-16 所示。

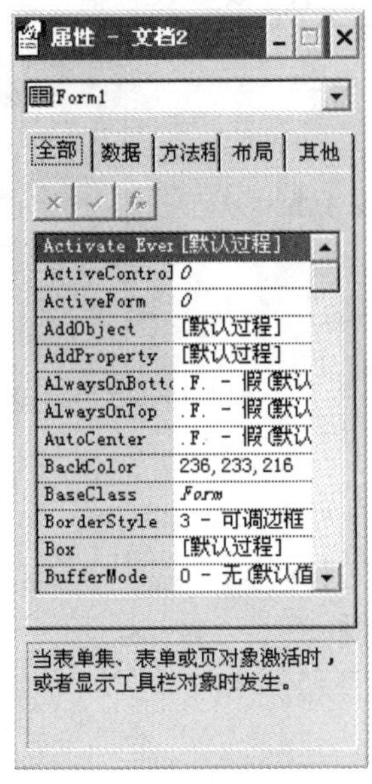

图 7-15　表单“属性”窗口

图 7-16　表单控件

利用“表单控件”工具栏可以方便地在表单中添加控件。单击“表单控件”工具栏中相应的控件按钮，在表单窗口的合适位置单击，还可以拖动鼠标以确定控件大小。

“表单控件”工具栏中 4 个辅助按钮的功能如下。

- “选定对象”按钮：在默认情况下，该按钮处于按下状态，此时如果从“表单控件”工具栏中选定某种控件，该按钮就会自动弹起，在表单窗口中添加当前控件后，该按钮又会自动转为按下状态。
- “查看类”按钮：允许添加可用的控件，可以显示当前选定类库中的可用控件。
- “生成器锁定”按钮：当该按钮处于按下状态，向表单添加某个控件时，激活该控件生成器。
- “按钮锁定”按钮：当该按钮处于按下状态时，可从“表单控件”工具栏中选定某种控件，然后在表单窗口中连续添加这种类型的多个控件。

不仅表单可以通过“属性”窗口改变相关属性，表单上每个控件都可以设置相关属性、方法、事件。表单的常用属性如表 7-1 所示。

表 7-1　表单常用属性

属　　性	说　　明
Aoalwaysontop	控制表单是否总处在其他打开的窗口之上
Autocenter	控制表单初始化时是否让表单自动处于主窗口中的中间位置
bakcolor	决定表单窗口的颜色
borderstyle	决定表单是没有边框，还是有单线边框，还是双线边框或系统边框，若 borderstyle 的值为 3，则用户可以改变表单的大小
caption	决定表单标题栏显示的文本

4. “表单设计器”工具栏

“表单设计器”工具栏如图 7-17 所示。如果当前没有显示“表单设计器”工具栏，可以在菜单栏中选择“显示/工具栏”命令，在弹出的“工具栏”对话框中选择“表单设计器”选项即可。“表单设计器”工具栏中包含以下按钮。

- “设置 Tab 键次序”按钮：表单运行时，用户可按 Tab 键选择控件。
- “数据环境”按钮：打开表单的“数据环境设计器”窗口。相当于在菜单栏中选择“显示/数据环境”命令。
- “属性窗口”按钮：打开或关闭“属性”窗口。
- “代码窗口”按钮：打开或关闭代码窗口。
- “表单控件工具栏”按钮：显示或关闭“表单控件”工具栏。
- “调色板工具栏”按钮：显示或关闭“调色板”工具栏。
- “布局工具栏”按钮：显示或关闭“布局”工具栏。
- “表单生成器”按钮：启动快速表单生成器。
- “自动格式”按钮：启动自动格式生成器。

图 7-17　“表单设计器”工具栏

7.4.2 数据环境

（1）打开数据环境设计器

在表单设计器环境下，单击“表单设计器”工具栏上的“数据环境”按钮，或在菜单栏

中选择“显示/数据环境”命令，即可打开数据环境设计器。此时，菜单栏中将出现“数据环境”菜单项。

（2）数据环境的常用属性

数据环境也是一个对象，有自己的属性、方法和事件。单击“数据环境”窗口，“属性”窗口会显示“数据环境”的所有属性。常用的两个数据环境属性是 AutoOpenTables 和 AutoCloseTables，它们的默认值都为.T.，表示数据环境中的表或视图会随着表单的打开而打开，并随着表单的关闭而关闭；若用户不希望如此，则可将其属性值设置为.F.。

（3）向数据环境添加表或视图

在数据环境设计器中，向数据环境添加表或视图的方法有两种：在菜单中选择“数据环境/添加”命令，或右击数据环境设计器，在弹出的快捷菜单中选择“添加”命令。

（4）从数据环境中移去表或视图

在数据环境设计器中，选择要移去的表或视图，在菜单栏中选择“数据环境/移去”命令，或右击，在弹出的快捷菜单中选择“移去”命令。

【例 7.3】新建表单 bd.scx，设置表单标题为“表单学习”，运行时自动居中，并添加一个文本框、一个标签和一个按钮控件，并把学生成绩管理数据库中的所有表添加到表单的数据环境中。

1）在菜单栏中选择“文件/新建”命令，在弹出的“新建”对话框中指定文件类型为“表单”，然后单击“新建文件”按钮；在项目管理器中，选择“文档”选项卡中的“表单”选项，然后单击“新建”按钮，并在弹出的“新建表单”对话框中选择“新建表单”，打开表单设计器，并设置 Caption 属性为“表单学习”，设置 Autocentet 属性值为.T.。

2）单击“表单控件”工具栏中的“文本框”控件按钮，在表单窗口的合适位置单击，在表单上添加一个文本框控件，按同样的方法在表单上添加一个标签控件和一个按钮控件。

3）在表单窗口上右击，在弹出的快捷菜单中选择“数据环境”命令，或在菜单栏中选择“数据环境/添加”命令，弹出“添加表或视图”对话框，如图 7-18 所示。

4）保存表单为 bd.scx。

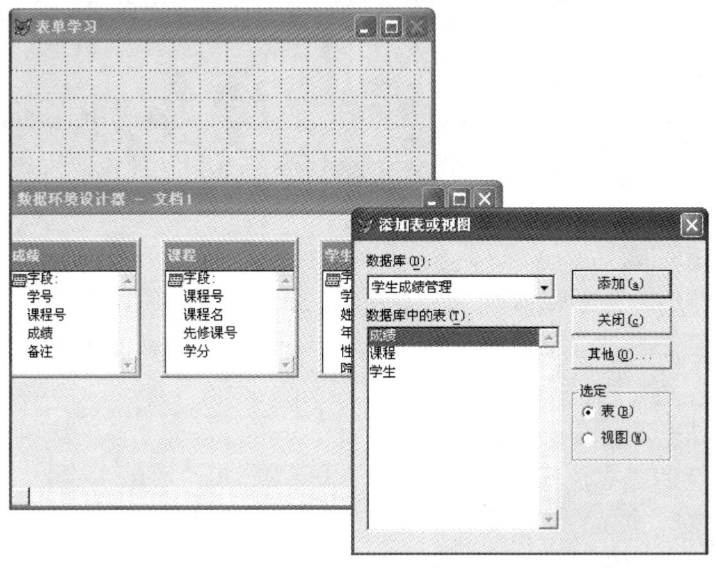

图 7-18 “添加表或视图”对话框

7.4.3 表单的事件与方法

（1）表单事件

1）Init 事件：创建表单时触发 Init 事件，执行 Init 事件代码。Init 事件代码通常用来完成一些关于表单的初始化工作。

2）Destory 事件：释放表单时触发 Destory 事件。Destory 事件代码通常用来进行文件关闭、释放内存变量等工作。

3）Click 事件：单击对象时触发 Click 事件，执行 Click 事件代码。

（2）表单方法

1）Show 和 Hide 方法：Show 方法将表单的 Visible 属性设置为.T.，使表单可见；而 Hide 方法则将表单的 Visible 属性值设置为.F.，隐藏表单。

2）Release 方法：从内存中释放表单。例如，表单中有一个命令按钮，若希望单击该按钮关闭表单，在该按钮的 Click 事件中含代码：ThisForm.Release。Release 方法触发 Destory 事件。

3）Refresh 方法：刷新表单数据。当表单中各种对象所对应的数据发生改变时，有时并不自动地反映在表单界面上，需要使用 Refresh 方法刷新，才能显示最新数据。例如，用一个文本框关联一个表字段，当表记录指针移动后，文本框显示的数据需要刷新后才能更新。

4）SetFocus 方法：使表单成为活动对象。如果一个控件的 Enable 属性或 Visible 属性为.F.，将不能获得焦点。

7.4.4 添加新的属性和方法

（1）添加新的属性

在菜单栏中选择“表单/新建属性”命令，弹出“新建属性”对话框，在“名称”文本框中输入属性名称。新建的属性同样会在“属性”窗口的列表框中显示出来。在“说明”文本框中输入新建属性的说明信息，单击“添加”按钮。

（2）添加新方法

在菜单栏中选择“表单/新建方法程序”命令，弹出“新建方法程序”对话框，在“名称”文本框中输入方法名，在“说明”文本框中输入新建方法的说明信息，单击“添加”按钮。

（3）删除属性或方法

要删除用户添加的属性或方法，可以在菜单栏中选择“表单/编辑属性/方法程序”命令，弹出“编辑属性/方法程序”对话框，在列表框中选择不需要的属性或方法并单击“移去”按钮即可。

（4）编辑方法或事件代码

在菜单栏中选择“显示/代码”命令，打开代码编辑窗口，在“对象”下拉列表框中选择方法或事件所属的对象（表单或表单中的控件），在“过程”下拉列表框中指定要编辑的方法或事件，在编辑区输入或修改方法/事件的代码。

7.5　常用表单控件

7.5.1　控件操作概述

表单应用系统的主界面是一个应用系统最主要的组成部分。在 Visual FoxPro 中，程序设计人员可以使用“表单控件”工具栏中的表单控件来构造表单。

表单的基本操作包括创建控件、调整控件和设置控件属性等。

（1）创建控件

在“表单控件”工具栏中，只要单击其中的某个控件按钮，然后在表单窗口的某处单击，即可在该处产生一个选定的表单控件，这种方法产生的控件大小是系统默认的。另外，也可在单击控件按钮后，在表单选定位置拖动鼠标，即可产生一个适当大小的控件。

（2）调整控件

调整控件包括在表单上选定控件、调整控件大小和位置、删除和复制控件等。

- 选定控件：在表单窗口中的所有操作都是针对当前对象的，在对控件进行操作之前，应选定控件。
- 选定单个控件：单击控件，控件四周会出现 8 个正方形句柄，表示控件已被选定。
- 选定多个控件：按住 Shift 键，逐个单击要选定的控件，或拖动鼠标，即可选定多个控件。
- 取消选定：单击已选定控件的外部某处，即可取消选定。
- 调整控件大小：选定控件后，拖曳其四周出现的句柄可改变控件的大小，也可通过改变其属性值来调整大小。
- 调整控件位置：选定控件后，可以将控件拖动到合适的位置。
- 删除控件：选定控件，按 Delete 键，或在菜单栏中选择“编辑/清除”命令。
- 复制控件：选定控件后，利用“编辑”菜单或快捷菜单中的复制、剪切和粘贴命令。

（3）设置控件属性

当一个控件创建之后，将在“属性”窗口的对象下拉列表框中看到该对象的系统默认名称。在选定控件后，可以对其属性进行设置。对于不同的控件，有一些属性是用户需要设置的，而有些属是系统默认的，用户不可设置。

7.5.2　常用控件的公共属性

大多数控件所具有的共同属性及含义如表 7-2 所示。

表 7-2　常用控件的公共属性

控件的属性	含　义
Name	控件的名称
Fontname	字体名
Fontbold	字体加粗
Fontsize	字体的大小
Height	控件的高度

续表

控件的属性	含　义
Width	控件的宽度
Visible	控件是否显示
Enable	控件运行时是否有效。若为.T.，则表示控件有效，否则运行时不可使用

7.5.3 标签控件

标签（label）是用于显示文本的图形控件，被显示的文本通过 Caption 属性指定。标签通常被作为提示或标题。标签的常用属性如下。

1）Caption 属性：指定标签的标题文本。很多控件都具有 Caption 属性，如表单、复选框、选项按钮、命令按钮等。可以利用此属性为对象指定标题文本。标题文本显示在屏幕上帮助使用都识别对象。标题文本的显示位置因对象不同而不同。

2）Alignment 属性：指定标题文本在控件中显示的对齐方式。当 Alignment 属性值设置为“0”时，标题文本左对齐；当 Alignment 属性值设置为“1”时，标题文本右对齐；当 Alignment 属性值设置为“20”时，标题文本中央对齐。Alignment 属性的默认值为“0”。

7.5.4 文本框控件

文本框（text box）控件的功能是显示或接受单行文本信息（不设置 ControlSource 属性），默认输入类型为字符型，最大长度为 256 个字符；或者用于显示或编辑对应变量或字段的值（设置 ControlSource 属性为已有变量或字段名）。文本框控件的常用属性如下。

1）ControlSource 属性：一般情况下，可以利用该属性为文本框指定一个字段或内存变量。运行时，文本框首先显示变量的内容。用户对文本框的编辑结果也会最终保存到此变量中。该属性在设计和运行时可用，除了文本框外，还适用于编辑框、选项按钮、选项组、复选框、列表框、组合框等。

2）Value 属性：返回文本框当前的内容。该属性的默认值为空串，若 ControlSource 属性指定了字段或内存变量，则 Value 属性将与 ControlSource 属性所指定的变量具有相同的数据与类型。

3）PasswordChar 属：指定文本控件内显示用户输入的字符或占位符。该属性默认值为空串，此时没有占位符，文本框显示用户输入的内容。当为该属性指定一个字符（即占位符，通常为*）后，文体框内将显示占位符，不显示用户输入的实际内容。该属性在设计和运行时可用，仅用于文本框。

4）InputMask 属性：指定一个文本框中如何输入和显示数据。

7.5.5 命令按钮的常用属性

命令按钮（command button）是常见控件，由其派生的命令按钮对象在表单中十分常见。命令按钮常用来启动某个事件代码、完成特定功能，如关闭表单、移动记录指针、打印报表等。

Default 属性值为.T.的命令按钮称为“确认”按钮，命令按钮的 Default 属性默认值为.F.。Cancel 属性值为.T.的命令按钮称为“取消”按钮，命令按钮的 Cancel 属性默认值为.F.。

在“取消”按钮所在的表单激活的情况下，按 Esc 键可以激活“取消”按钮，执行此按钮的功能。

这两个属性在设计和运行时可用，主要适用于命令按钮。

1）Enabled 属性：指定表单或控件的能否响应由用户引发的事件，默认值为.T.，即对象是有效的，能被选择，能响应用户引发的事件。该属性可以限制一个对象的使用。该属性在设计和运行时可用，适用于绝大多数控件。

2）Visible 属性：指定表单对象可见还是隐藏。在表单设计器中，默认值为.T.，即对象是可见的；在程序设计中，默认值为.F.，即对象是隐藏的，在代码中仍可访问它。该属性在设计和运行时可用，适用于绝大多数控件。

【例 7.4】标签、文本框、命令按钮的使用。创建一个如图 7-19 所示的登录表单，文件名保存为 dl.scx，操作步骤如下。

1）在项目管理器中新建表单。打开“学生管理”项目，选择“文档”选项卡，选择“表单”，单击“新建”按钮，即打开表单设计器窗口，窗口内是一个空白表单。

2）添加标签控件。单击“表单控件”工具栏中的“选定对象”按钮，再单击“标签”控件按钮，在空白表单的合适位置单击，在该位置处即出现一个标签。

3）设置标签控件的属性。在“属性”窗口中选择 Caption 属性，在编辑框（原来的内容为 Label1）中输入“用户名：”。

4）添加命令按钮。单击“表单控件”工具栏中的“选定对象”按钮，再单击“命令按钮”控件按钮，在空白表单的合适位置单击，在该位置处即出现一个命令按钮。

5）设置“命令按钮”控件属性。“命令按钮”Command1 的 Caption 属性设置为“确定”。

6）保存表单。在菜单栏中选择“文件/保存”命令，或按 Ctrl+W 组合键，保存表单；也可直接关闭表单设计器，系统会弹出提示框，询问是否保存表单，单击“是”按钮，输入表单文件名，即完成表单的创建，如图 7-19 所示。

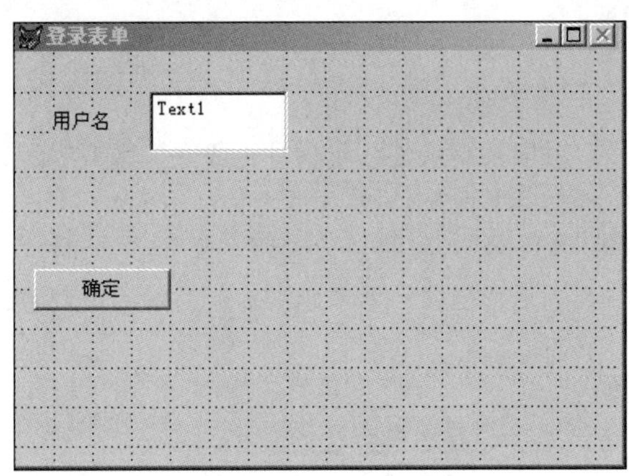

图 7-19 表单 dl.scx

7.5.6 命令按钮组控件

命令按钮组（command button group）是包含一组命令按钮的容器控件，组中的按钮可单独操作，也可作为一个组来统一操作。命令按钮组控件的属性如下。

1）ButtonCount 属性：指定命令组按钮的数目。在表单中创建一个命令组时，ButtonCount 属性默认值是 2，即包含两个命令按钮。通过改变 ButtonCount 属性的值可以重新设置命令组中包含的命令按钮数目。该属性在设计和运行时可用。除了命令组，该属性还适用于选项组。

2）Buttons 属性：用于存取命令组中各按钮的数组。该属性数组在创建命令组时建立，用户可以利用此数组为命令组中的命令按钮设置属性或调用其方法。例如，以下代码可以放在与命令组 myCommandG 处在同一表单中的某个对象的方法或事件中，将命令组中的第 2 个按钮设置成隐藏的。

```
ThisForm.myCommandG.Buttons(2).Visible=.F.
```

属性数组下标的取值范围应该是 1 到 ButtonCount 属性之间。该属性在设计时不可用。除了命令组，该属性还适用于选项组。

3）Value 属性：指定命令组当前的状态。属性的类型可以是数值型，也可以是字符型。若为数值 n，则表示命令组中第 n 个命令按钮被选中；若为字符型的值 c，则表示命令组中 Caption 属性值为 c 的命令按钮被中。

如果命令组内的某个按钮有自己的 Click 事件代码，那么一旦单击此按钮，就会优先执行为它单独设置的代码，而不会执行命令组的 Click 事件。

该属性在设计和运行时可用。除了命令组，该属性还适用于复选框、选项组、选项按钮、列表框、组合框、文本框、编辑框、表格等控件。

7.5.7 编辑框控件

编辑框（edit box）也是用来输入数据的。编辑框实际上是一个完整的字处理器，允许用户编辑长字段或备注字段，文本允许自动换行，并能用方向键、PageUp 键和 PageDown 键以及滚动条来浏览文本。

7.5.8 复选框控件

复选框（check box）可以用来表示某些状态是否成立，其值是一个逻辑量当为“真”时，复选框内显示一个对勾；当值为“假”时，复选框内为空白。如果复选框的 ControlSource 属性设置为表中的一个逻辑字段，那么当前记录值为“真”（.T.）时，复选框显示为选中；若当前记录值为“假”（.F.），则复选框显示为未选中；若当前记录为 NULL 值，则复选框变为灰色。

复选框控件的属性如下。

1）Caption 属性：指定显示在复选框旁边的文字。

2）Value 属性：指明复选框的当前状态。复选框的 Value 属性值的设置有三种情况，当 Value 属性值为 0 或. F.时，表明未选中；当 Value 属性值为 1 或. T.时，表明被选中；当 Value 属性值为 2 或. NULL.时，表明不确定。

7.5.9 选项组控件

选项组（option group）又称为选项按钮组，是包含选项按钮的一种容器。一个选项组中往往包含若干个选项按钮，但用户只能从中选择一个按钮，被选中的选项按钮会显示一个圆点。

选项组控件的属性如下。

1）ButtonCount 属性：在表单中创建一个选项组时，该属性的默认值表示包含两个选项按钮。可以通过改变 ButtonCount 属性来设置选项组中选项按钮的数目。Value 属性表明用户选定了哪一个按钮。

2）ControlSource 属性：该属性可以为选项组设置数据来源。表单运行时，选项组的某个选项按钮的 Caption 属性会被保存在该表中。

既可以手工在“属性”窗口中为每个选项按钮设置属性，也可以在代码中引用单个按钮对象的属性来修改按钮的属性，或引用选项组的 Buttons 属性来设置各个按钮的属性。

【例 7.5】设计表单“选项组应用.scx”，单击“确定”按钮将选择的性别显示出来，操作步骤如下。

1）新建一个表单 Form1，在表单中添加 3 个标签控件、1 个按钮控件和 1 个选择组控件。

2）修改 Form1 的 Caption 属性为“选项组应用”，修改 Lable1 的 Caption 属性为“性别”，修改 Lable2 的 Caption 属性为“您的性别为：”，修改 Command1 的 Caption 属性为“确定”。

3）双击按钮控件 Command1，设置 Click 事件代码。

```
xx=THISFORM.OPTIONGROUP1.value
 IF xx=1
    THISFORM.Lable3.Caption="男"
 ELSE
     IF xx=2
        THISFORM.Label3.Caption="女"
     ENDIF
 ENDIF
```

4）保存表单为“选项组应用.scx”，并运行，如图 7-20 所示。

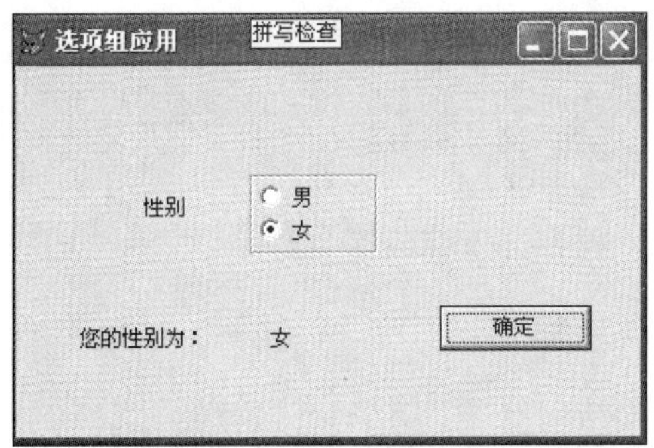

图 7-20 选项组控件应用

7.5.10 列表框控件

列表框（list box）提供一组条目（数据项），用户可以从中选择一个或多个条目。一般情况下，列表框显示其中的若干条目，用户可以通过滚动条浏览其他条目。列表框控件的属性如下。

1）AddItem：往列表里添加一个选项，允许用户指定选项的索引位置。

2）AddListItem：往列表里添加一个选项，允许用户指定选项的选项编号。

3）BoundColumn：确定在多列表里哪一列与 Value 属性和数据源绑定。

4）ControlSource：指示与对象绑定的数据的源。

【例 7.6】设计表单“列表框应用.scx”，在右侧列表框中选择相应的课程号，在左侧显示课程号、课程名、先修课号、学分。单击“退出”按钮退出表单。操作步骤如下。

1）新建一个表单 Form1，在表单中添加 4 个标签控件、4 个文本框控件、1 个按钮控件和 1 个组合框控件。

2）将课程表添加到数据环境中。

3）修改 Form1 的 Caption 属性为“列表框应用”，修改 Lable1 的 Caption 属性为“课程号”，修改 Lable2 的 Caption 属性为“课程名”，修改 Lable3 的 Caption 属性为“先修课号”，修改 Lable 4 的 caption 属性为“学分”，修改 Command1 的 Caption 属性为“退出”。修改 Text1 的 ControlSource 属性为“课程.课程号”，修改 Text 2 的 ControlSource 属性为“课程.课程名”，修改 Text3 的 ControlSource 属性为“课程.先修课号”，修改 Text 4 的 ControlSource 属性为“课程.学分”，修改列表框 List1 的 Row Source 属性为“课程.课程号”，修改 List1 的 RowSourcetype 属性为“6-字段”。

4）双击组合框控件 List1，设置 Click 事件代码。

```
kch=THIS.value
LOCA FOR 课程号=kch
THISFORM.refresh
```

5）双击按钮控件 Command1，设置 Click 事件代码。

```
THISFORM.release
```

6）保存表单为“列表框应用.scx”并运行，如图 7-21 所示。

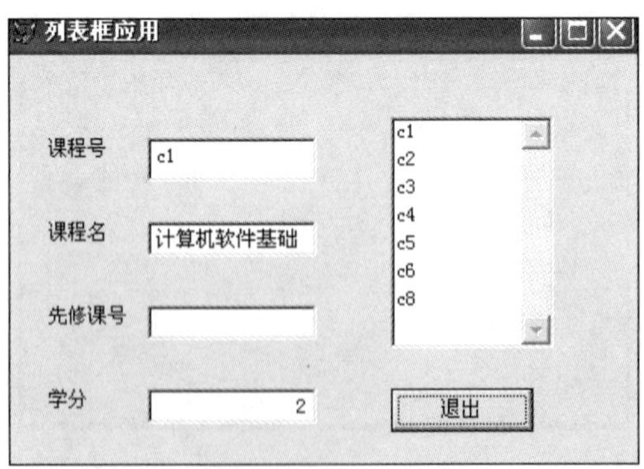

图 7-21　列表框控件应用

7.5.11　组合框控件

对于组合框来说，通常只有一个条目是可见的。用户可以单击组合框上的下拉按钮打开条目列表，以便从中选择。所以，相比列表框，组合框能够节省表单的显示空间。组合框不提供多重选择的功能，没有 MultiSelect 属性。组合框有两种形式：下拉组合框、下拉列表框。Style 属性的设置值用于指定组合框的类型，当 Style 属性的值为 0 时，组合框控件被设置成下拉组合框，既可在列表中选择选项，也可在组合框里输入一个值；当 Style 属性值为 2 时；组合框控件被设置成下拉列表框，仅可在列表中选择选项。

【例 7.7】设计表单“组合框应用.scx”，在右侧组合框中选择相应的课程号，在左侧显示课程号、课程名、先修课号、学分，操作步骤如下。

1）新建一个表单 Form1，在表单中添加 4 个标签控件、4 个文本框控件、1 个按钮控件和 1 个组合框控件，单击“退出”按钮可以退出表单。

2）将课程表添加到数据环境中。

3）修改 Form1 的 Caption 属性为“组合框应用”，修改 Lable1 的 Caption 属性为“课程号”，修改 Lable2 的 Caption 属性为“课程名”，修改 Lable3 的 Caption 属性为“先修课号”，修改 Lable4 的 Caption 属性为“学分”，修改 Command1 的 Caption 属性为“退出”。修改 Text1 的 ControlSource 属性为“课程.课程号”，修改 Text2 的 ControlSource 属性为“课程.课程名”，修改 Text3 的 ControlSource 属性为“课程.先修课号”，修改 Text4 的 ControlSource 属性为“课程.学分”，修改 Combo1 的 RowSource 属性为“课程.课程号”，修改 Combo1 的 RowSourceType 属性为“6-字段”。

4）双击组合框控件 Combo1，设置 Click 事件代码。

```
kch=THIS.value
LOCA FOR 课程号=kch
THISFORM.refresh
```

5）双击按钮控件 Command1，设置 Click 事件代码。

```
THISFORM.release
```

6）保存表单为“组合框应用.scx”并运行，如图 7-22 所示。

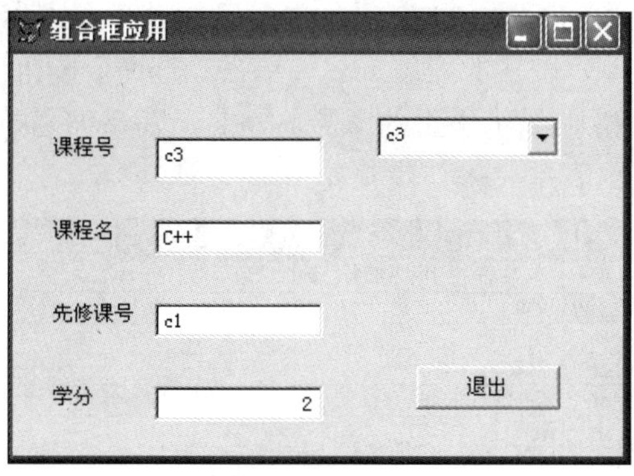

图 7-22 组合框控件应用

7.5.12 表格控件

一旦指定了表格的列的具体数目（表格的 ColumnCount 属性值不是-1），就可以有两种方法来调整表格的行高和列宽：通过表格的 HeaderHeight 和 RowHeight 属性设置行高，通过列对象的 Width 属性调整列宽；在表格编辑状态下，通过鼠标拖动操作可视地调整表格的行高和列宽。在表格编辑状态下，可视地调整列宽地方法是：将鼠标指针置于两表格列的标头之间，这时鼠标指针变成水平双箭头的形状，拖动鼠标，调整列至所需要的宽度。在表格编辑状态下，可视的调整行高的方法是：将鼠标指针置于表格左侧的第一个按钮和第二个按钮之间，这时鼠标指针变成垂直双箭头的形状，拖动鼠标，调整行至所需要的高度。

（1）表格控件的常用属性

1）RecordSourceType 属性与 RecordSource 属性：RecordSourceType 属性指明表格数据源的类型，RecordSource 属性指定表格的数据源。

2）ColumnCount 属性：指定表格的列数，即一个表格对象所包含的列对象的数目。该属性的默认值为 1，此时表格将创建足够多的列来显示数据源中的所有字段。

3）LinkMaster 属性：用于指定表格控件中所显示的子表的父表名称。使用该属性在父表和表格中显示的子表（由 RecordSource 属性指定）之间建立一对多的关联关系。要在两个表之间建立这种一对多关系，除了要设置该属性，还要用到 ChildOrder 和 RelationalExpr 两个属性。

4）ChildOrder 属性：用于指定在建立一对多的关联关系过程中子表所要用到的索引。该属性类似于 SET ORDER 命令。

（2）列的常用属性

1）ControlSoure 属性：指定要在列中显示的数据源，常见的是表中的一个字段。如果不设置该属性，列中将显示表格数据源（由 RecourdSource 属性指定）中下一个还没有显示的字段。

2）CurrentControl 属性：指定列对象中的一个控件，该控件用于显示和接收列中活动单元格的数据。

（3）标头的常用属性

1）Caption 属性：指定标头对象的标题文本，显示于列顶部。

2）Alighment 属性：指定标题文本在对象中显示的对齐方式。

【例 7.8】创建查询表单“表格的应用.scx”，单击“查询”按钮，在表格中显示选课三门以上的学生的信息，在表格中显示学生的学号、姓名、院系编号、选课门数，如图 7-23 所示。单击“退出”按钮退出表单。操作步骤如下。

表格的应用

学号	姓名	院系编号	选课门数
s1	徐啸	2	5
s2	辛国年	6	4
s3	徐玮	1	6
s4	邓一欧	6	3
s6	张辉	3	4

图 7-23　表格的应用

1）新建一个表单 Form1，在表单中添加两个按钮控件和 1 个表格控件。

2）修改 Form1 的 Caption 属性为表格控件的应用，修改按钮控件 Command1 的 Caption 属性为查询，修改按钮控件 Command2 的 Caption 属性为退出，修改 Grid1 的 RecordSouceType 属性为 4-SQL。

3）双击按钮控件 Command1，设置 Click 事件代码。

```
THISFORM.Grid1.RecordSource="SELECT 学生.学号, 学生.姓名, 学生.院系编号,
                  COUNT(*)  AS 选课门数;
FROM  学生成绩管理!学生 INNER JOIN 学生成绩管理!成绩;
INNER JOIN 学生成绩管理!课程 ;
ON  成绩.课程号 = 课程.课程号 ;
ON  学生.学号 = 成绩.学号;
GROUP BY 学生.学号;
HAVING COUNT(*) >= 3"kch=THIS.value
```

4）双击按钮控件 Command2，设置 Click 事件代码。

```
THISFORM.release
```

5）保存表单为“表格的应用.scx”，并运行。

7.5.13　计时器控件

计时器（timer）控件与用户的操作无关，只对时间做出反应，以一定的间隔重复地执行某种操作，本书不对该控件进行详细介绍。

7.5.14　页框控件

页框是“页面”的一种容器，而“页面”也是一种容器，可以放置任何控件、容器和自定义对象。一个页面在运行时对应一个屏幕窗口。页框建立在表单上，页面建立在页框上，经过页框的处理后，一个表单中的全部对象就分布到了多个窗口。

【例 7.9】页框控件的使用。创建一个包含两个页面的页框，第一个页面显示学生表表的信息，第二个页面显示课程成绩表的信息，如图 7-24 所示。操作步骤如下。

页面控件的应用

学生　成绩

学号	姓名	年龄	性别	院系编
s1	徐啸	17	女	2
s2	辛国年	18	男	6
s3	徐玮	20	女	1
s4	邓一欧	21	男	6
s5	张激扬	19	男	6
s6	张辉	22	女	3
s7	王克非	18	男	5
s8	王刃	19	男	4

图 7-24　页面控件的应用

1）在项目管理器中新建表单。打开“学生管理”项目，在“项目管理器”对话框中单

击“文档”选项卡，选择“表单”选项，单击“新建”按钮。

2）添加“页框”控件。在“属性”窗口的对象下拉列表框中选择第一个页面（Page1）。将该页面的Caption属性设为“学生”，从数据库中把学生表拖动到这个页面上。

3）在“属性”窗口的对象下拉列表框中选择第二个页面（Page2）。将该页面的Caption属性设为“成绩”，从数据库中把成绩表拖放动这个页面上。

4）保存表单为“页面控件的应用.scx”并运行。

7.6 表单综合设计

【例7.10】已经有综合表单1.scx文件，初始表单运行后界面如图7-25所示，按下列要求对表单控件进行设计。

1）设置当表单运行时，没有最小化按钮（或最小化按钮失效）。

2）设置Label1控件的上边界与表单控件的上边界距离为40。

3）设置Command1控件不响应由用户引发的事件。

4）设置列表框List控件中列数为3。

5）设置Grid1的记录源指定索引标识为[课程号]。

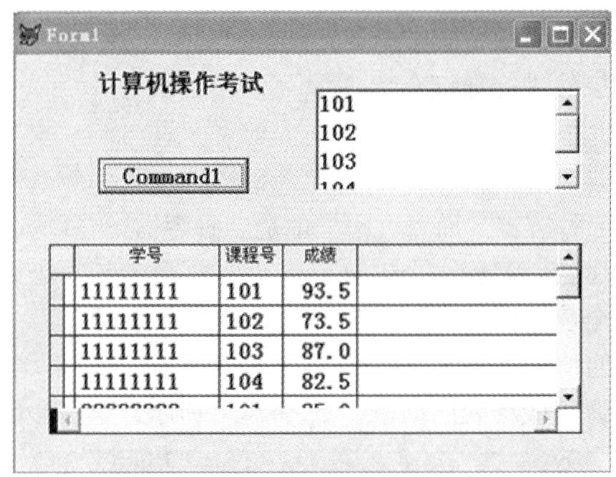

图7-25 综合表单1.scx

操作步骤如下：

1）打开综合表单1.scx，修改Form1的Minbutton属性为.F.。

2）修改标签控件Label1的Height属性值为40。

3）修改按钮控件Command1的Enabled属性值.F.。

4）修改列表框List控件的ColumnCount属性值为3。

5）修改表格控件Grid1的ChildOrder属性值为课程号。

保存表单并运行。

【例7.11】已经有综合表单2.scx文件，初始表单运行后界面如图7-26所示，按下列要求对表单控件进行设计。

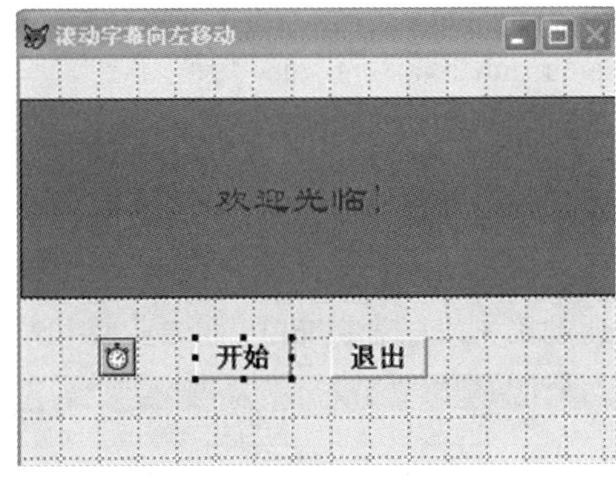

图 7-26 综合表单 2.scx

要求：当表单执行时，单击“开始”按钮，使文本字幕从右向左循环滚动 5 个单位，单击[退出]按钮结束表单的运行。

操作步骤如下：

1）在计时器控件 Timer1 的 Timer 事件编写代码如下：

```
THISFORM.Label1.Left= THISFORM.Label1.Left-5
```

2）在按钮控件 command1 的 Click 事件编写代码如下：

```
THISFORM. Timer1. Enabled=.T.
```

保存表单并运行。

【例 7.12】已经有综合表单 3.scx 文件，初始表单运行后界面如图 7-27 所示，按下列要求对表单控件进行设计。

1）设置表单不能被其他窗口遮挡。

2）设置组合框 Combo1 控件为下拉组合框。

3）设置命令按钮组 CommandGroup1 的值的类型为字符型。

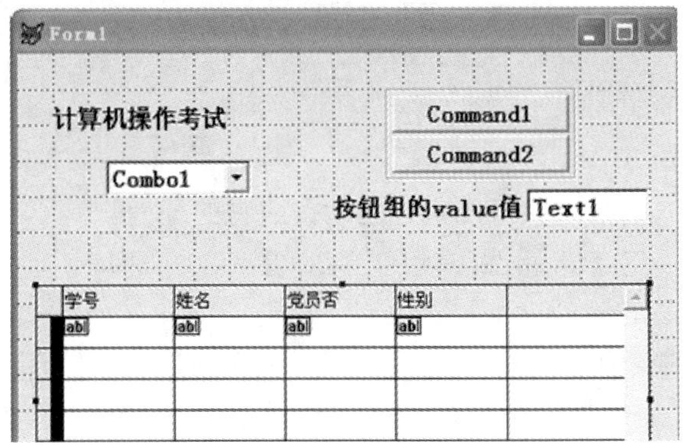

图 7-27 综合表单 3.scx

操作步骤如下：

1）打开综合表单 3.scx，修改 Form1 的 Alwaysontop 属性为.T.。

2）修改组合框 Combo1 控件的 Style 属性为 1-下拉组合框。

3）修改命令按钮组 CommandGroup1 的 Value 的值为=" "。

【例 7.13】已经有综合表单 4.scx 文件，初始表单运行后界面如图 7-28 所示，按下列要求对表单控件进行设计。

1）设置 Text1 控件的值为系统日期。

2）设置列表框 List1 控件中第 2 列与 Value 属性绑定。

3）设置表格控件 Grid1 的第 3 列与学生.dbf 中的[专业]字段绑定。

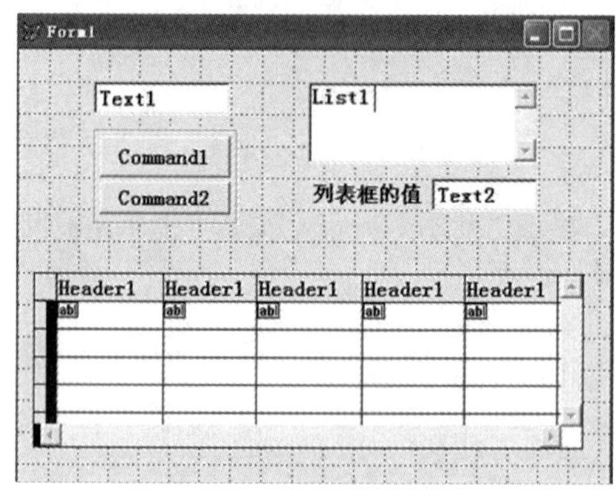

图 7-28　综合表单 4.scx

操作步骤如下：

1）打开综合表单 4.scx，修改 Text1 控件的 Value 属性为=DATE( )。

2）设置列表框 List1 控件 BoundColumn 属性值为 2。

3）右击表单窗口，在弹出的快捷菜单中选择“数据环境”命令，把学生表添加到数据环境中，再到属性对话框中选择 Column3 并修改它的 ControlSource 属性为专业。

保存表单并运行。

习　题　7

一、选择题

1．对象的（　　）是指对象可以执行的动作或它的行为。

A．方法　　B．属性　　C．事件　　D．控件

2．对象和类的关系是（　　）。

A．对象是类的实例　　B．类是对象的实例

C．对象和类是不相关的两个概念　　D．对象和类是同一个概念

3．计时器控件的主要属性是（　　）。

A．Enabled　　B．Caption　　C．Interval　　D．Value

4．若要为控件设置焦点，则控件的 Enabled 属性和（　　）属性必须为.T.。

A．Buttons　　B．Cancel　　C．Caption　　D．Visible

5．若要使 Command1 上显示“确定”两字，应将其（　　）属性设为“确定”。

A．Name　B．Caption　C．FontName　D．Forecolor

6．在 Visual FoxPro 中调用表单文件 mf1 的正确命令是（　　）。

A．DO mf1　B．DO FROM mf1

C．DO FORM mf1　D．RUN mf1

7．在 Visual FoxPro 中，释放表单时会引发的事件是（　　）。

A．UnLoad 事件　B．Init 事件　C．Load 事件　D．Release 事件

8．Click 事件在（　　）时引发。

A．单击对象　B．双击对象

C．表单对象建立之前　D．右击对象

9．标签的前景属性是指（　　）。

A．BackColor　B．FontBold　C．ForeColor　D．FontName

10．若要在一个对象创建前发生某事件，则该事件的代码应编写在（　　）事件中。

A．Click　B．Init　C．Load　D．Keypress

11．双击对象时将引发（　　）事件。

A．Click　B．DblClick　C．RightClick　D．Gotfocus

12．如果要改变表单的标题，需要设置表单对象的（　　）属性。

A．Name　B．Caption　C．BackColor　D．BorderStyle

13．指定控件可视对象显示标题的属性是（　　）。

A．Name　B．Caption　C．AutoSize　D．Backcolor

14．修改表单的命令可以是（　　）。

A．CREATE FORM　B．CREATE OBJECT

C．MODIFY FORM　D．USE　FORM

15．表单保存时会形成扩展名为（　　）的文件。

A．.scx　B．.sct　C．.dcx　D．.dct

16．表单的 Caption 属性用于（　　）。

A．指定表单执行的程序　B．指定表单的标题

C．指定表单是否可用　D．指定表单是否可见

17．表单文件在“项目管理器”的（　　）选项卡下。

A．数据　B．文档　C．类　D．代码

18．打开表单的命令是（　　）。

A．Create Form　B．Modify Form　C．Do Form　D．Release Form

19．关闭表单最常用方法是（　　）。

A．Release　B．Close　C．End　D．Destroy

二、填空题

1．表单 Form1 的 Name 属性是指该表单的________。

2．表单文件的扩展名为________。

3．利用表单的 Caption 属性，可以改变表单的________。

4．利用表单控件中的 Visible 属性可以设置对象是否________。

5．若想在运行表单时单击命令按钮 Command1 时退出，应在该命令按钮的________事件中编写退出代码。

6．若要触发命令按钮的 Click 事件，应在运行表单时________该命令按钮。

7．使用表单设计器设计表单时，要对表单添加控件，应打开________工具栏。

8．扩展名为.scx 的文件是________。

三、窗口设计

1．已有表单文件.scx，运行界面如图 7-29 所示。

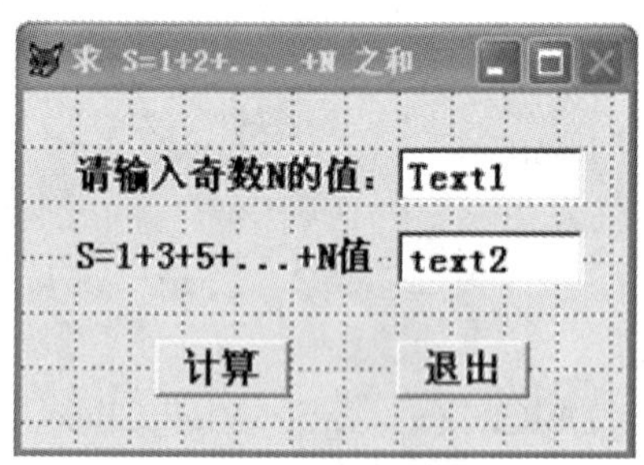

图 7-29　窗口设计 1 题图

要求：当表单执行时，输入奇数 N 的值后，单击“计算”按钮，在相应的位置显示计算结果；单击“退出”按钮，结束表单的执行。

2．已有表单文件.scx，运行界面如图 7-30 所示。

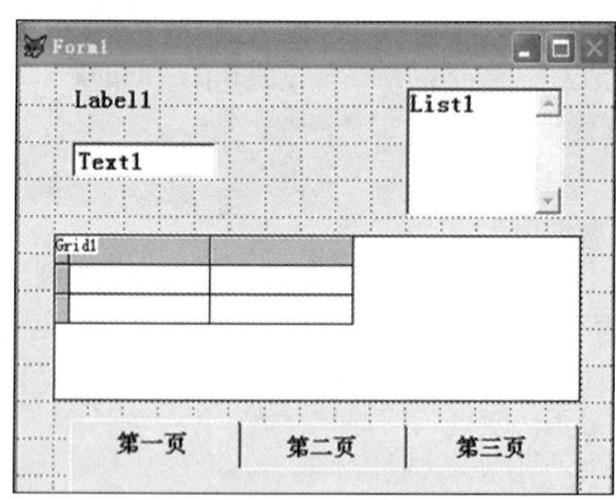

图 7-30　窗口设计 2 题图

要求：设置表单控件的以下属性。

1）设置 Label1 的标题为“计算机等级考试”。

2）设置不允许修改 Text1 的值。

3）设置列表框 List1 控件能进行多重选择。

4）设置表格控件 Grid1 的列数为 3。

5）设置页框控件 pageframe 的第 2 页为当前活动页。

3．已有表单文件.scx，运行界面如图 7-31 所示。

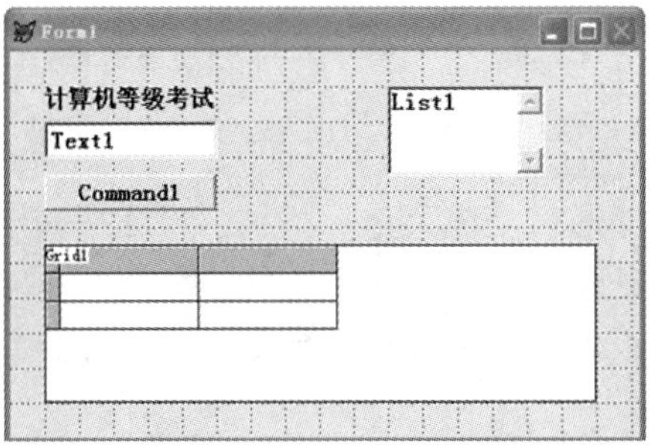

图 7-31　窗口设计 3 题图

要求：设置表单控件的以下属性。

1）设置当表单运行时，不显示最大化按钮（或最大化按钮无效）。

2）设置 Label1 控件的访问键为 X。

3）设置 Command1 控件为该表单中的“取消”按钮。

4）设置列表框 List1 控件的数据来源为“工学院，理学院，农学院，药学院，医学院”。

5）设置 Grid1 的数据源为“学生.dbf”表。

4．已有表单文件.scx，运行界面如图 7-32 所示。

图 7-32　窗口设计 4 题图

要求：当表单执行时，输入 N 的值后，单击“显示”按钮，在指定位置上显示由 N 行组成的、每行由 N 个“*”字符组成的偏右的平行四边形（注：使用双重物质循环，外循环控制变量为 I，内循环控制变量为 J；第 1 行的第 1 个字符显示在表单的第 7 行第 26 列开始）；单击“退出”按钮，结束表单的执行。

第 8 章　菜单与报表设计

一个应用程序的各种功能通常是以菜单形式供用户选择调用的，而报表是数据组织与输出的重要形式之一，因此报表设计和菜单设计是数据库应用系统设计的重要组成部分。本章主要介绍通过菜单设计器、报表设计器设计菜单和报表的方法。

8.1　菜 单 设 计

8.1.1　菜单简介

Visual FoxPro 中的常见菜单有 3 种：用户定义的下拉菜单、快捷菜单及系统菜单。

1）下拉菜单由条形菜单和弹出式菜单组成。

2）快捷菜单一般是从属于某个界面对象的，它列出有关该对象的一些操作，由一个或一组上下级的弹出式菜单组成。

3）Visual FoxPro 系统菜单是一个典型的菜单系统，其主菜单是一个条形菜单，内部名称为 MSYSMENU，也可看做整个菜单系统的名称。通过 SET SYSMENU 命令可以允许或禁止在程序执行时访问系统菜单，也可重新配置系统菜单。

【格式】SET SYSMENU ON |OFF | AUTOMATIC | TO [<弹出式菜单项名表>] | TO [<条形菜单项名表>] | TO [DEFAULT] | SAVE | NOSAVE

【说明】

- ON：允许程序执行时访问系统菜单。
- OFF：禁止程序执行时访问系统菜单。
- AUTOMATIC：可使系统菜单显示出来，可以访问系统菜单。
- TO DEFAULT：将系统菜单恢复为默认配置。
- 不带参数的 SET SYSMENU TO 命令将屏蔽系统菜单，使系统菜单不可用。

8.1.2　打开菜单设计器

要新建一个菜单，可以使用下列方法调用菜单设计器。

1）在菜单栏中选择“文件/新建”命令，在弹出的“新建”对话框中选择“菜单”选项，单击“新建文件”按钮，在弹出的“新建菜单”对话框中选择“菜单”或“快捷菜单”即可。

2）在命令窗口中使用“CREATE MENU <菜单文件名.mnx>”命令或“MODIFY MENU <菜单文件名>”命令。

CREATE 命令中的文件名指菜单文件名，默认扩展名（.mnx）允许省略。若<文件名>为新文件，则为建立菜单，否则为打开已有的菜单文件。

输入 MODIFY 命令后弹出“打开文件”对话框，可以选择已经存在的菜单文件。

分别使用上述两种方法后，都会进入“菜单”窗口或者“快捷菜单设计”窗口，可以选定新建菜单是“菜单”或者“快捷菜单”。选择“菜单”则进入菜单设计器，选择“快捷菜单”则进入快捷菜单设计器。

8.1.3　设计下拉菜单

下拉菜单是普遍使用的菜单类型。使用 Visual FoxPro 菜单设计器可以设计出两种应用类型的菜单：一是通过定制 Visual FoxPro 系统菜单建立应用程序的下拉菜单；二是为顶层表单设计独立于 Visual FoxPro 系统菜单的下拉菜单。本节具体介绍下拉菜单的设计方法。

1. 打开菜单设计器

在命令窗口中输入命令 CREATE MENU STUDENT.mnx，打开菜单设计器，如图 8-1 所示。

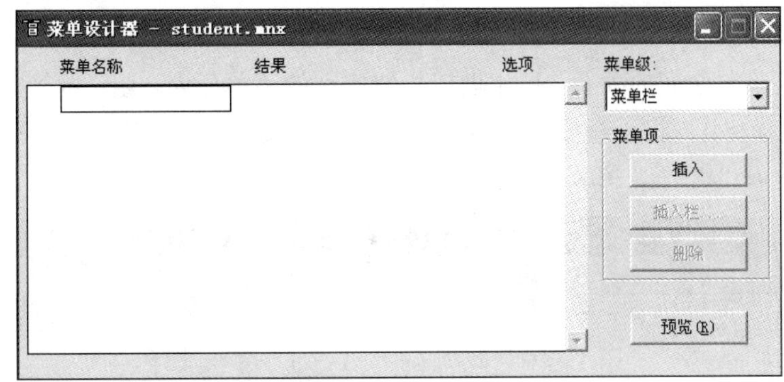

图 8-1　菜单设计器

2. 定义菜单

（1）设置菜单项名称

在菜单设计器的“菜单名称”列中输入要命名的菜单项名称，如图 8-2 所示。

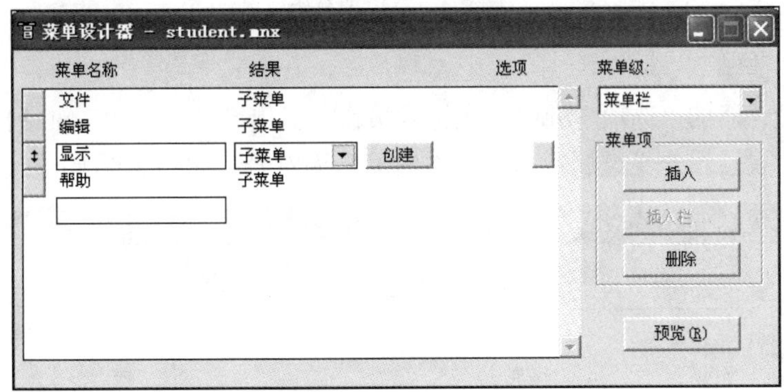

图 8-2　设置菜单名称

（2）设置访问键

在要作为访问键的字符前加上字符“\<”。如图 8-3 所示，本例中指定“文件（\<F）”，字母“F”即为该菜单项的访问键，用户可以通过按 Alt+访问键打开菜单。

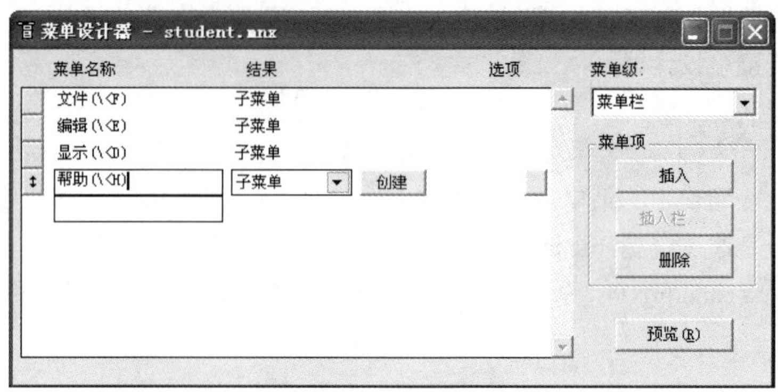

图 8-3　设置访问键

（3）菜单项分组

根据各个菜单项之间的关系，把相近或相似类别的菜单分为一组。例如，将“剪切”“复制”“粘贴”分为一组，将“查找”“替换”分为一组。在两组之间插入一条水平的分组线。在菜单名称上输入“\-”，如图 8-4 所示。

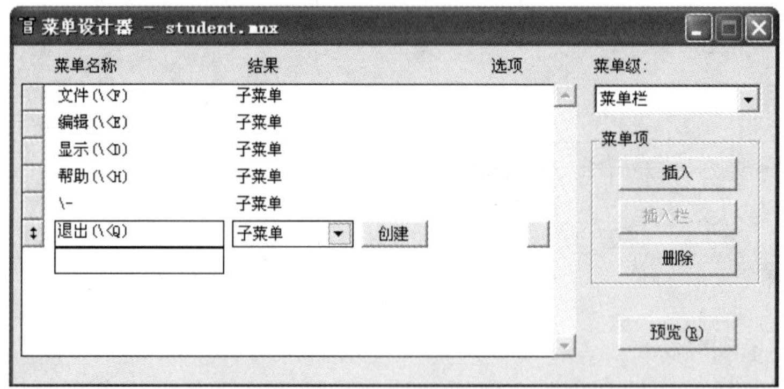

图 8-4　菜单项分组

（4）设置快捷键

单击菜单设计器的“选项”列中的无符号按钮，弹出“提示选项”对话框，可以在此定义菜单项的其他属性。定义过属性后，该按钮显示为对号，如图 8-5 所示。

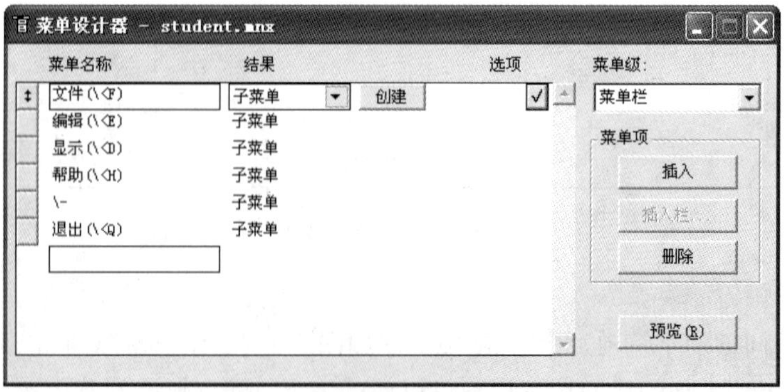

图 8-5　设置快捷键

在“提示选项”对话框中，单击“键标签”文本框，按快捷键；要取消快捷键可以先单击“键标签”文本框，然后按空格键。快捷键通常是 Ctrl 或 Alt 与另一个字符的组合，本例设置为 Ctrl+A 组合键，如图 8-6 所示。

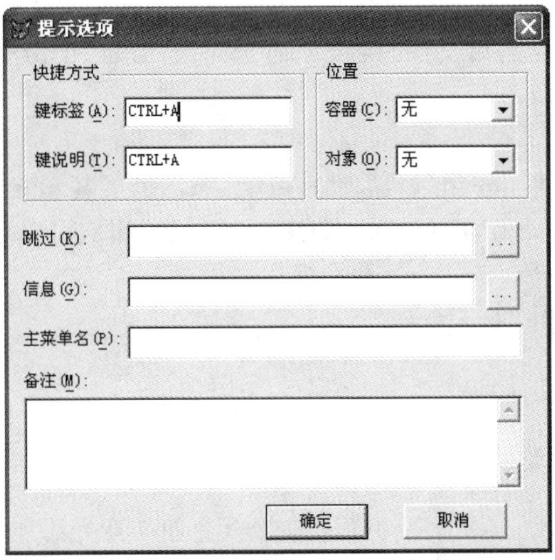

图 8-6　“提示选项”对话框

（5）使菜单项可用或不可用

在“提示选项”对话框中的“跳过”文本框中定义菜单项禁用条件。可以在文本框中输入一个表达式，或单击右侧按钮，弹出“表达式生器”对话框，生成一个表达式，定义允许或禁用菜单项的条件。当表达式值为“假”时，菜单项为可用状态；否则为禁止状态，运行时菜单项以灰色显示。

（6）定义菜单项的动作

菜单设计器“结果”列的下拉列表框用于定义菜单项的动作，下拉列表框中包含命令、过程、子菜单、填充名称等选项。

1）命令。该选项用于为菜单项定义一条命令。菜单项的动作即执行用户定义的命令。定义时，只需将命令输入到下拉列表框右侧的文本框内即可。如果所要执行的动作需多条命令才能完成，那么在这里应该选择“过程”选项。

2）过程。该选项用于为菜单项定义一个过程。过程是包含一个或多个命令语句的程序段，菜单项的动作即执行用户定义的过程。定义时一旦选择了“过程”选项，下拉列表框右侧就会出现一个“创建”按钮或“编辑”按钮（建立时显示“创建”按钮，修改时显示“编辑”按钮），单击相应按钮后将打开一个文本编辑窗口，供用户编辑所需的过程。

3）子菜单。该选项供用户定义当前菜单的子菜单。选择“子菜单”选项后，下拉列表框的右侧会出现一个“创建”按钮或“编辑”按钮。选择相应按钮后，菜单设计器窗口就切换到子菜单，供用户建立或修改子菜单。菜单设计器窗口右侧的菜单级下拉列表框显示当前所处的菜单级别，并用于从下级菜单切换到上级菜单。下拉列表框中的“菜单栏”选项表示第一级菜单。

3. 生成菜单程序

菜单定义文件存放菜单的各项定义，但其本身是一个表文件，不能够运行，需要生成菜单程序文件（.mpr）。在菜单设计器环境下，在菜单栏中选择“菜单/生成”命令，在弹出的“生成菜单”对话框中指定菜单文件的名称和存放路径，最后单击“生成”按钮。

4. 运行菜单程序

使用命令 DO <文件名.mpr>运行菜单程序。注意，扩展名.mpr 不可省略。

到此为止，就建立了一个菜单文件 STUDENT.mpr，用户可以把这个菜单文件作文顶层表单的菜单使用。

本例中在命令窗口输入如下命令。

```
DO STUDENT.mpr
```

8.1.4 为顶层表单添加菜单

在应用系统的设计中，经常需要为顶层表单（见第 7 章）添加菜单，其操作步骤如下。

【例 8.1】为顶层表单添加菜单。

1）在菜单设计器中按照前面讲述的方法设计好菜单，如图 8-7 所示。

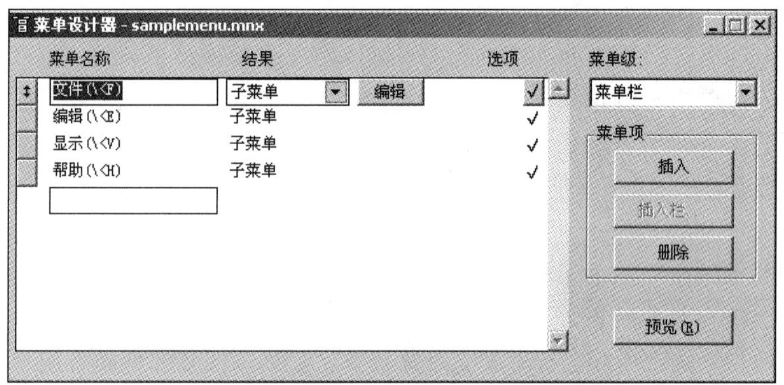

图 8-7 设计好的菜单

2）在菜单栏中选择“显示/常规选项”命令，在弹出的“常规选项”对话框中勿选“顶层表单”复选框。

3）在菜单栏中选择“菜单/生成”命令，并指定生成的文件名（本例保存为 SAMPLEMENU.mpr）和位置。

4）用表单设计器设计一个表单（具体方法见第 7 章，这里不再赘述）。

5）设置表单的 ShowWindow 属性为“2-作为顶层表单”。

6）编辑表单的 Init 事件代码，在代码中添加调用菜单程序的命令：DO <菜单名> WITH THIS, .T.（本例中此命令为 DO SAMPLEMENU.mpr WITH THIS, .T.）。

7）在表单的 Destroy 事件代码中添加清除菜单的命令，使得在关闭表单时能同时清除菜单，释放其所占用的内存空间，该命令为：RELEASE MENU <菜单名> EXTENDED，本例中为 RELEASE MENU SAMPLEMENU EXTENDED。

8）运行表单，结果如图 8-8 所示。

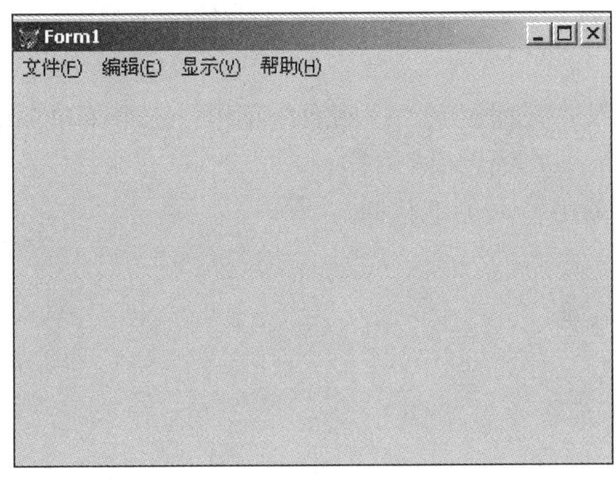

图 8-8 表单运行结果

8.1.5 设计快捷菜单

快捷菜单的设计方法与下拉菜单的设计方法类似。这里只介绍快捷菜单设计方法中不同于下拉菜单的部分。在实际应用中，一般把快捷菜单添加到表单中，下面通过实例演示设计快捷菜单的方法。

【例 8.2】给表单添加右键快捷菜单，操作步骤如下。

1）在快捷菜单设计器中打开要添加到表单中的快捷菜单。

2）在菜单栏中选择“显示/常规选项”命令，弹出“常规选项”对话框。

3）勾选“菜单代码”选项组中的“清理”复选框，打开相应的代码编辑窗口。在代码编辑窗口中添加清除快捷菜单的命令，命令格式为 RELEASE POPUPS <快捷菜单名> [EXTENDED]，本例的命令格式为 RELEASE POPUPS 快捷菜单 1，如果有 EXTENDED 参数，除了清除指定的快捷菜单外，还将清除该快捷菜单的所有下级菜单。

4）设计一个表单（具体方法见第 6 章，这里不再赘述）。

5）在表单设计器中，选择表单要附着在其中的对象。在对象的 RightClick 事件代码中添加命令：DO <快捷菜单名>（本例的命令格式为 DO 快捷菜单 1.mpr）。

注意： *此处在快捷菜单名中必须包含扩展文件名.mpr。*

6）存储并运行表单，查看运行结果。

【例 8.3】使用菜单设计器设计一个名称为 SMENU 的下拉式菜单。菜单包含“数据浏览”和“退出”两个菜单栏。

数据浏览菜单栏包含“学生表”和“课程表”两个选项。“学生表”选项在过程中使用 SQL 语句“SELECT * FROM 学生”查询学生表的记录；“课程表”选项在过程中使用 SQL 语句“SELECT * FROM 课程”查询课程表的记录。

“退出”菜单栏包含“返回系统菜单”一个选项，该选项在过程中使用命令返回系统默认的菜单。

操作步骤如下。

1）在命令窗口中进行命令 MODI MENU SMENU，打开菜单设计器。

2）创建两个菜单项“数据浏览”和“退出”。

3）分别单击“数据浏览”和“退出”菜单项中的结果列中的子菜单，按照要求继续编辑下级菜单。

4）分别在“学生表”、“课程表”、“返回系统菜单”三个菜单项的结果列中选中“过程”选项，单击“创建”按钮，进入代码编辑器。

5）分别在代码编辑器中输入如下代码。

在学生表过程中：

```
SELECT * FROM 学生
```

在返回系统菜单过程中：

```
SET SYSMENU TO DEFA
```

课程表过程中：

```
SELECT * FROM 课程
```

6）生成菜单。在菜单栏中选择“菜单/生成”命令，在弹出的“生成菜单”对话框中指定菜单文件的名称和存放路径，最后单击“生成”按钮。

7）在命令窗口中运行命令 DO SMENU.mpr，运行菜单程序。

8.2 报　表

8.2.1 创建报表

报表设计主要包括两部分：数据源和布局。数据源一般是数据库中的表或自由表，但也可以是视图、查询或临时表。定义了一个表、视图或查询以后，就可以创建报表了。报表布局是报表的输出格式，设计报表就是根据应用需要和数据源来设计报表的布局。

不同布局的报表的特点如表 8-1 所示。

表 8-1　不同布局报表的特点

布局类型	格式说明	应用示例
列报表	每行一条记录，每个字段一列，字段与其数据在同一列	分组/汇总报表、财政报表、存货清单、销售总结等
行报表	每个字段一行，字段名在数据左侧，字段与数据在同一行	通信地址、列表
一对多报表	一条记录或一对多关系	发票、会计报表
多栏报表	每条记录的字段沿分栏的左边缘竖直放置	电话号码簿、名片

8.2.2 用报表向导创建简单单表和一对多报表

1. 简单单表

1）在菜单栏中选择“文件/新建”命令，弹出“新建”对话框，选择“报表”选项并单击“向导”按钮，在弹出的“向导选取”对话框中选择“报表向导”选项，单击“确定”按钮，在弹出的“打开”对话框中选择学生表作为数据源。

2）选择想要在报表中出现的字段名。

3）单击“下一步”按钮，进行分组设置。若需要分组，则按要求选择分组字段；若不需要分组，则单击“下一步”按钮。

4）单击“下一步”按钮，选择报表的样式，本例选择“经营式”。

5）单击“下一步”按钮，选择报表的布局，本例选择“列数：1”，“字段布局：列”，“方向：纵向”。

6）单击“下一步”按钮，确定报表中记录出现的顺序，选取索引字段，本例选择“学号”作为索引字段。

7）单击“下一步”按钮，输入报表标题，完成报表设计。

8）输入报表文件的名称和保存位置。本例中把报表保存为 student.frx（.frx 为报表文件扩展名）。

报表预览效果如图 8-9 所示。

学生

11/24/14

学号	姓名	年龄	性别	院系编号	照片	简历
s1	徐啸	17	女	2		白山市读高中
s2	辛国年	18	男	6		临江市读高中
s3	徐玮	20	女	1		长春市读高中

图 8-9　报表预览效果

2. 一对多报表

1）在菜单栏中选择“文件/新建”命令，弹出“新建”对话框，选择“报表”选项并单击“向导”按钮，在弹出的“向导选取”对话框中选择“一对多报表向导”选项，单击“确定”按钮。

2）在弹出的“一对多报表向导”对话框，选择“学生表”作为父表，即“一对多”关系中的“一”方。从学生表中选取“学号”和“姓名”两个字段，这些字段将会显示在报表的上半部分。该步和下步都只能从单个表或视图中选择字段。

3）单击“下一步”按钮，选择“成绩表”作为子表，即“一对多”关系中的“多”方，从中选择“学号”和“成绩”两个字段，这些字段将会显示在父表字段的下方。

4）单击“下一步”按钮，为表建立关系。可以从字段列表中接受或选择决定表之间关系的字段。这里取默认值，通过学号连接。

5）单击“下一步”按钮，按照结果排序的顺序选择字段或索引标识。这里选取“学号”作为排序字段。

6）单击“下一步”按钮，选择报表样式。

7）单击“下一步”按钮，输入适当的报表名称，选择合适的选项，单击“预览”按钮可以在“预览”窗口中浏览报表。单击“完成”按钮即可完成报表的设计。报表的预览效果如图 8-10 所示（部分）。

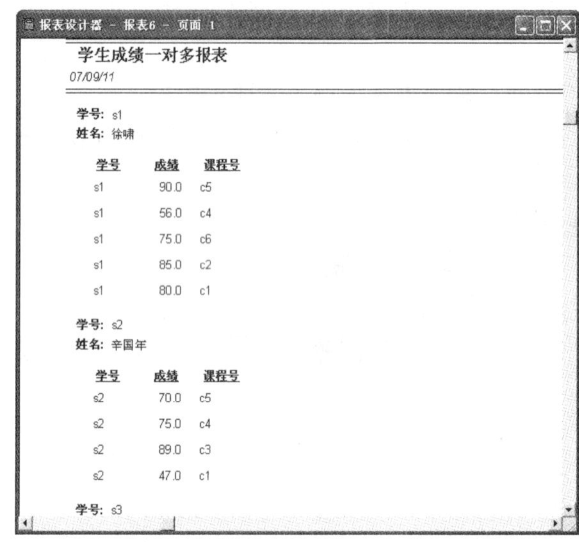

图 8-10　一对多报表预览

8.2.3　快速报表

1）在菜单栏中选择“文件/新建”命令，弹出“新建”对话框，选择“报表”选项并单击“新建文件”按钮，建立一个空白报表（或者直接在命令窗口中运行命令 CREAT REPORT）。

2）在菜单栏中选择“报表/快速报表”命令，在弹出的“打开”对话框中选择学生表。

3）在弹出的“快速报表”对话框中选择报表的布局。

4）单击“字段”按钮，在弹出的“字段选择器”对话框中选择字段。

5）单击“确定”按钮，得到如图 8-11 所示的结果。

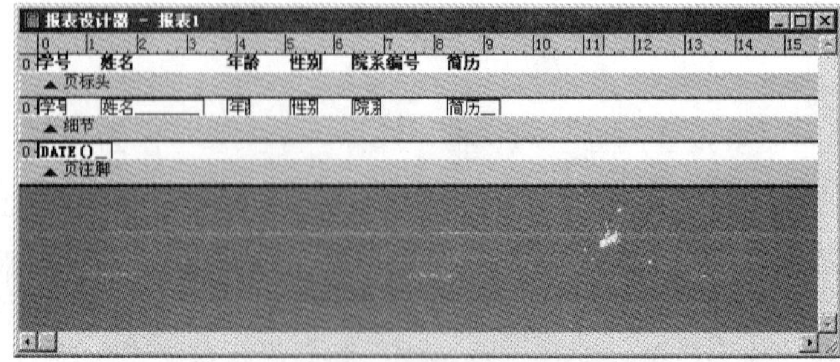

图 8-11　生成的快速报表

6）单击工具栏上的“打印预览”按钮，就可以显示报表打印的实际效果，如图 8-12 所示。

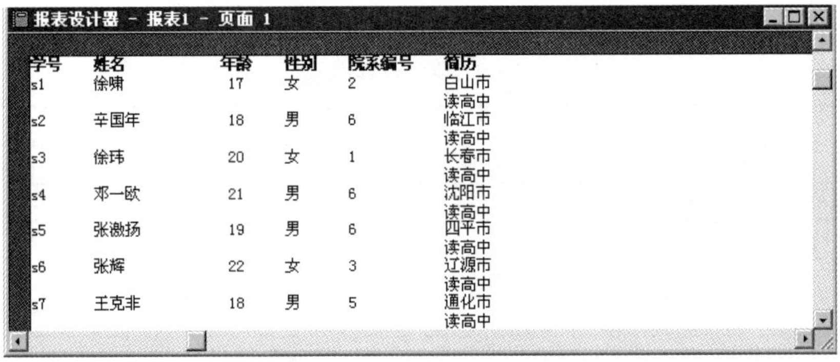

报表设计器 - 报表1 - 页面 1

学号	姓名	年龄	性别	院系编号	简历
s1	徐晡	17	女	2	白山市读高中
s2	辛国年	18	男	6	临江市读高中
s3	徐玮	20	女	1	长春市读高中
s4	邓一欧	21	男	6	沈阳市读高中
s5	张激扬	19	男	6	四平市读高中
s6	张辉	22	女	3	辽源市读高中
s7	王克非	18	男	5	通化市读高中

图 8-12 快速报表的预览效果

7）单击“保存”按钮，将报表保存为扩展名为.frx 的文件。

注意：“快速报表”对话框中不能向报表布局添加通用字段。

8.2.4 使用报表设计器设计报表

使用报表向导和快速报表只能设计比较简单的报表，不能满足实际应用要求。而使用报表设计器，就可以最大限度地满足设计要求。

1. 启动报表设计器

在菜单栏中选择“文件/新建”命令，弹出“新建”对话框，选择“报表”选项并单击“新建文件”按钮，打开报表设计器，如图 8-13 所示。

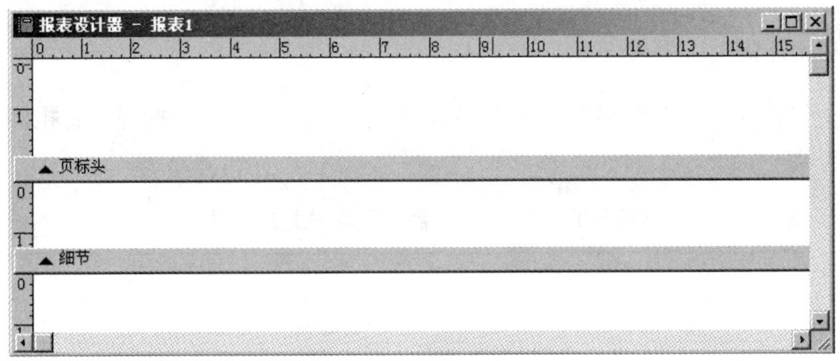

图 8-13 报表设计器

2. 报表设计器中的带区

报表带区是报表中的一个区域，如图 8-13 所示，在报表设计器中包含“页标头”、“细节”和“页注脚”3 个带区。如果需要，还可以在窗口内增加“标题”带区和“总结”带区等。带区的作用主要是控制数据在页面上的打印位置。在打印或预览报表时，系统会以不同方式处理各个带区中的数据。对于“页标头”带区，系统将在每一页上打印一次该带区所包含的内容；对于“标题”带区，则仅在报表开头打印一次该带区的内容；而对于“细节”带区，则对数据源中每个记录都将打印一次该带区的内容。设计器中各带区及其作用如表 8-2 所示。

表 8-2 带区及其作用

带　区	打　印	使用方法
标题	每报表一次	在菜单栏中选择“报表/标题/总结”命令
页标头	每页一次	默认可用
列标头	每列一次	在菜单栏中选择“文件/页面设置”命令，设置“列数”>1
组标头	每组一次	在菜单栏中选择“报表/数据分组”命令
细节带区	每记录一次	默认可用
组注脚	每组一次	在菜单栏中选择“报表/数据分组”命令
列注脚	每列一次	在菜单栏中选择“文件/页面设置”命令，设置“列数”>1
页注脚	每页一次	默认可用
总结	每报表一次	在菜单栏中选择“报表/标题/总结“命令

“页标头”、“细节”和“页注脚”3 个带区是报表设计器中的基本带区，若要增加其他带区，可采用以下方法。

- 在菜单栏中选择“报表/标题/总结”命令，在弹出的“标题总结”对话框中可指定增加“标题”和（或）“总结”带区。
- 在菜单栏中选择“报表/数据分组”命令，或者单击“报表设计器”工具栏上的“数据分组”按钮，在弹出的“数据分组”对话框中指定分组表达式创建分组报表时可增加“组标头”和“组注脚”带区。
- 在菜单栏中选择“文件/页面设置”命令，在弹出“页面设置”对话框中指定报表的列数创建多栏报表时可增加“列标头”和“列注脚”带区。

3. “报表设计器”工具栏

当报表设计器打开时，会显示“报表设计器”工具栏，包含数据分组、报表控件、调色板、布局等选项，如表 8-3 所示。

表 8-3 “报表设计器”工具栏上的按钮

按钮	名　称	说　明
	数据分组	弹出“数据分组”对话框，从中可以创建数据组并指定其属性
	报表控件工具栏	显示或隐藏“报表控件”工具栏
	调色板工具栏	显示或隐藏“调色板”工具栏
	布局工具栏	显示或隐藏“布局”工具栏
	数据环境	设置数据源

（1）设置数据源

在报表设计中，确定数据源是首要任务。如果一个报表固定使用一个数据源，就可以把数据源添加到报表的数据环境中，设置数据源的操作步骤如下。

1）单击报表设计器中的“数据源”按钮，打开数据环境设计器。

2）如果数据源是数据库中的表，从下拉列表框中选定数据库；如果是自由表或者视图则选中相关的单选按钮。

3）选择相关的表或视图，单击“添加”按钮。

（2）“报表控件”工具栏

- “选定对象”按钮：移动或更改控件的大小。在创建了一个控件后，会自动选定“选定对象”按钮，除非按下了“按钮锁定”按钮。
- “标签”按钮：创建一个标签控件，用于保存不希望用户改动的文本，如复选框上面或图形下面的标题。
- “域控件”按钮：创建一个字段控件，用于显示表字段、内存变量或其他表达式的内容。
- “线条”按钮：设计时用于在表单上绘制各种线条样式。
- “矩形”按钮：用于在表单上绘制矩形。
- “圆角矩形”按钮：用于在表单上画椭圆和圆角矩形。
- “图片/ActiveX 绑定控件”按钮：用于在表单上显示图片或通用数据字段的内容。
- “按钮锁定”按钮：允许添加多个同种类型的控件，而不需多次单击此控件的按钮。

（3）“布局”工具栏

使用“布局”工具栏可以在报表或表单上对齐和调整控件的位置。

（4）“调色板”工具栏

使用“调色板”工具栏可以设定表单或报表上各控件的颜色。

（5）分组工具栏

具体内容见下节的介绍。

8.2.5　设计分组报表和多栏报表

1. 分组报表

分组报表是指将报表中的数据按某个关键字段进行分类打印输出，如将教工档案表中的记录按职称分类打印输出、将学生表中的记录按籍贯进行分组输出等。报表的基本布局设计好后，根据给定字段或其他条件对记录分组，可以使报表更容易阅读。Visual FoxPro 不仅支持设计只有一个分组关键字的单级分组报表，同时支持设计具有多个分组关键字的多级分组报表。为了对数据进行分组输出，要求报表的数据源对这个分组关键字来讲必须是有序的。

【例 8.4】将学生表中的记录按“院系编号”进行分组，操作步骤如下。

1）对学生表中的记录按“院系编号”进行排序，通常是以此字段为关键字建立索引。同时，打开报表设计器。

2）在菜单栏中选择“报表/快速报表”命令，在弹出的“打开”对话框中选取“学生表”作为报表的数据源，并在“快速报表”对话框中指定报表的布局，在弹出的“字段选择器”对话框中为报表选择需要输出的字段。单击“确定”按钮，返回“快速报表”对话框。再次单击“确定”按钮，所设计的快速报表框架出现在报表设计器中。

3）在菜单中栏中选择“报表/数据分组”命令，或者单击“报表设计器”工具栏上的“数据分组”按钮，弹出“数据分组”对话框，单击第一个“分组表达式”右侧的按钮，在弹出的“表达式生成器”对话框中选择“学生表.院系编号”选项作为分组依据，单击“确定”按钮后返回“数据分组”对话框，如图 8-14 所示。

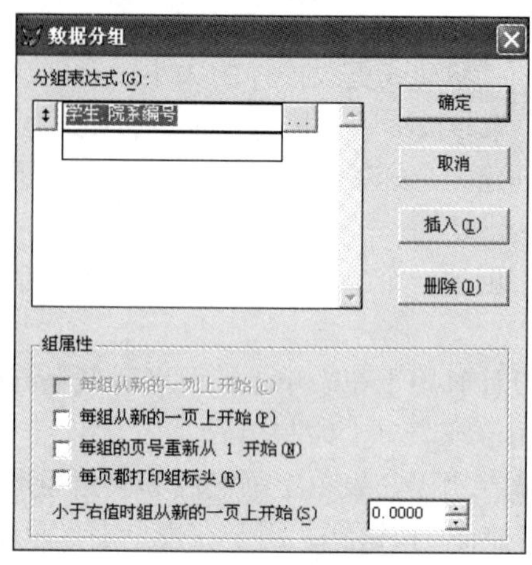

图 8-14 “数据分组”对话框

4）根据要求选择“组属性”，单击“确定”按钮。可以看到报表设计器中增加了“组标头”和“组注脚”两个带区。

5）在菜单栏中选择“报表/标题/总结”命令，在报表设计器中就会增加一个“标题”带区，然后调整高度、宽度，单击“报表控件”工具栏上的“标签”按钮，在其中输入报表标题“学生表（按院系编号）”，并适当设置其字体大小与位置。

6）将“院系编号”字段域控件从“细节”带区拖动到“组标头”带区的左端，再将“页标头”带区的“院系编号”字段标签拖动到该带区的左端。然后调整“页标头”带区其他标题的位置和“细节”带区其他域控件的位置，使相应的控件上下对齐。调整后的报表如图 8-15 所示。

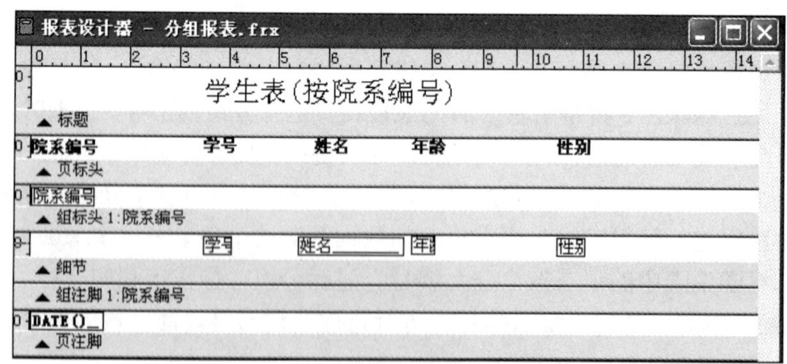

图 8-15 数据分组窗口设计

7）指定数据源的主控索引。单击报表设计器工具栏上的“数据环境”按钮，打开数据环境设计器；右击，在弹出的快捷菜中中选择“属性”命令，在打开的“属性”窗口中确认当前对象为“Cursorl”，单击“数据”选项卡，将“Order”属性设定为“院系编号”，如

图 8-16 所示。

8）单击“保存”按钮，将报表文件命名为 ayxfzbb.frx，然后保存。单击“打印预览”按钮进行预览，效果如图 8-17 所示。

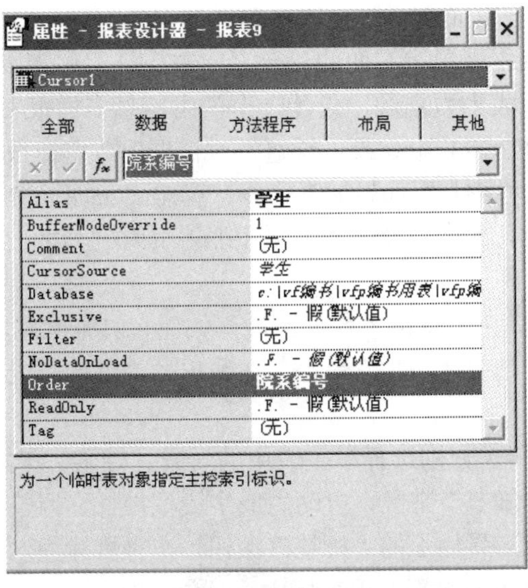

图 8-16 数据源主控索引设量

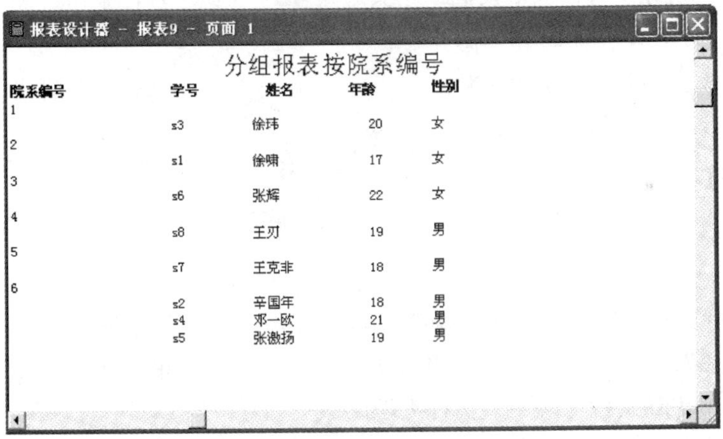

报表设计器 - 报表9 - 页面 1

分组报表按院系编号

院系编号	学号	姓名	年龄	性别
1				
	s3	徐玮	20	女
2				
	s1	徐晴	17	女
3				
	s6	张辉	22	女
4				
	s8	王刃	19	男
5				
	s7	王克非	18	男
6				
	s2	辛国年	18	男
	s4	邓一欧	21	男
	s5	张激扬	19	男

图 8-17 数据分组报表预览效果

2. 设计多栏报表

多栏报表是一种分为多个栏目打印输出的报表。如果输出的内容较少，横向只占用部分页面，设计成多栏报表比较合适。设计多栏报表步骤如下。

1）使用 CREATE REPORT 命令或“新建”对话框生成空白报表。

2）在菜单栏中选择“文件/页面设置”命令，弹出“页面设置”对话框，在“列”区域把“列数”调整为栏目数。在报表设计器中将添加占页面三分之一的一对“列标头”带区和“列注脚”带区。

3）设置数据源。在报表设计器工具栏上单击“数据环境”按钮，打开数据环境设计器，右击空白区域，在弹出的快捷菜单中选择“添加”命令，在弹出的“添加表或视图”对话框中选择数据表，单击“添加”按钮。

4）按照要求添加控件，注意不要超过带区的宽度。

5）设置页面，为了在页面上真正打印出多栏，需要把打印顺序设置为“自左向右”打印。在“页面设置”对话框中单击右面的“自左向右”打印顺序按钮即可。

【例 8.5】以学生数据表为数据源，设计一个学生信息多栏报表。

1）使用 CREATE REPORT 命令或“新建”对话框生成空白报表。

2）在菜单栏中选择“文件/页面设置”命令，弹出“页面设置”对话框，在“列”区域把“列数”调整为栏目数。在报表设计器中将添加占页面三分之一的一对“列标头”带区和“列注脚”带区。

3）在报表设计器工具栏上单击“数据环境”按钮，打开数据环境设计器，右击空白区域，在弹出的快捷菜单中选择“添加”命令，在弹出的“添加表或视图”对话框中选择学生表，单击“添加”按钮。

4）在数据环境设计器中分别选择学生表中的学号、姓名、年龄、性别 4 个字段，将它们拖动到报表设计器的“细节”带区，自动生成字段域控件。调整它们的位置，使之分两行排列。单击“报表控件”工具栏上的“标签”按钮，在“页标头”带区添加“学生信息”标签，选择字体为楷体，设置为水平、垂直居中。

5）在“页面设置”对话框中设置“左页边距”为 3.1 厘米，单击右侧的“自左向右”打印顺序按钮，再单击“确定”按钮。

6）将报表保存为文件“学生.frx”。

习 题 8

一、选择题

1．Visual FoxPro 系统菜单是一个典型的菜单系统，其主菜单是一个（　　）。

A．弹出菜单　　B．条形菜单　　C．下拉菜单　　D．级联菜单

2．Visual FoxPro 支持（　　）两种类型的菜单。

A．条形菜单和弹出菜单　　B．条形菜单和下拉菜单

C．快捷菜单和弹出菜单　　D．快捷菜单和下拉菜单

3．不能作为报表数据源的是（　　）。

A．数据库表　　B．视图　　C．查询　　D．自由表

4．将一个预览成功的菜单存盘，再运行该菜单，却不能执行，这是因为（　　）。

A．没有放到项目中　　B．没有生成

C．要用命令方式　　D．要编入程序

5．要创建快速菜单，应当用（　　）。

A．热键　　B．快捷键　　C．事件　　D．菜单

6．在“显示”下拉菜单中，单击“追加方式”选项，将在当前表（　　）。

A．中增加一个空记录　　B．尾增加一个空记录

C．中进入追加状态　　D．弹出“追加”对话框

7．在 Visual FoxPro 中，组合框分为（　　）。

A．下拉选项框和下拉列表框　　B．下拉选项框和下拉组合框

C．下拉列表框和下拉组合框　　D．列表框和下拉组合框

8．假设系统中存在 MENU 菜单程序，运行该菜单程序应输入（　　）命令。

A．DO <MENU>　　B．DO <MENU.mpr>

C．OPEN <MENU>　　D．OPEN <MENU.mpr>

9．当在菜单设计器中设计完菜单项后，要选择“菜单”中的（　　）。

A．运行　　B．编译　　C．生成　　D．调试

10．典型的菜单系统一般是一个（　　）。

A．条形菜单　　B．快捷菜单　　C．下拉菜单　　D．主菜单

11．建立菜单的命令是（　　）。

A．CREATE MENU　　B．CREATE PROJECT

C．NEW MENU　　D．NEW PROJECT

12．设计菜单要完成的最终操作是（　　）。

A．创建主菜单及子菜单　　B．指定各菜单任务

C．浏览菜单　　D．生成菜单程序

13．要创建一个顶层表单，应将表单的 Show Window 属性设置为（　　）。

A．0　　B．1　　C．2　　D．3

14．用菜单设计器设计好的菜单保存后，其生成的文件扩展名为（　　）。

A．.scx 和.sct　　B．.mnx 和.mnt　　C．.frx 和.frt　　D．.pjx 和.pjt

15．用下列（　　）命令可以启动菜单设计器。

A．OPEN MENU　　B．USE MENU

C．CREA MENU　　D．O MENU

16．在 Visual FoxPro 中，菜单文件的扩展名为（　　）。

A．.mnx　　B．.mnt　　C．.idx　　D．.pjt

17．在菜单设计器环境下，“显示”菜单会出现（　　）命令。

A．常规选项、菜单选项　　B．常规选项、系统菜单选项

C．常规选项、下拉菜单选项　　D．常规选项、弹出菜单选项

18．在命令窗口中执行下列（　　）命令可以启动菜单设计器。

A．MODIFY MENU<菜单文件名>　　B．OPEN MENU<菜单文件名> USE

C．MENU<菜单文件名>　　D．DO MENU<菜单文件名>

19．设计菜单时，不需要完成的操作是（　　）。

A．生成菜单程序　　B．浏览表单

C．指定各菜单任务　　D．创建主菜单及子菜单

20．将一个设计好的菜单存盘，再运行该菜单，却不能执行，因为（　　）。

A．没有移动到项目中　　B．没有生成菜单程序

C．要用命令方式　　D．要编译

21．建立已生成了名称为 MYMENU 的菜单文件，执行该菜单文件的命令是（　　）。

A．DO MYMENU　　B．DO MYMENU.mpr

C．DO MYMENU.pjx　　D．DO MYMENU.mnx

22．如果菜单项的名称为“统计”，热键是 T，在菜单名称一栏中应输入（　　）。

A．统计（\<T）　　B．统计（Ctrl+T）

C．统计（Alt+T）　　D．统计（T）

23．为了从用户菜单返回到系统菜单应该使用的命令是（　　）。

A．SET DEFAULT TO SYSTEM　　B．SET MENU TO DEFAULT SET

C．SYSTEM TO DEFAULT　　D．SET SYSMENU TO DEFAULT

24．扩展名为.mnx 的文件是（　　）。

A．备注文件　　B．项目文件　　C．表单文件　　D．菜单文件

25．报表的数据源可以是（　　）。

A．表或视图　　B．表或查询

C．表、查询或视图　　D．表或其他报表

26．在菜单设计器中，每个子菜单的结果有选项（　　）。

A．子菜单、过程、命令和菜单项　　B．子菜单、过程、命令和快捷菜单

C．菜单项、过程、命令和快捷菜单　　D．子菜单、过程、快捷菜单和菜单项

27．在使用菜单设计器设计菜单时，如果要为当前的菜单项指定需要相应执行的一条命令，应在其对应的“结果”栏中选择（　　）。

A．填充命令　　B．子菜单　　C．命令　　D．过程

28．设计一个菜单最终要完成的操作是（　　）。

A．浏览菜单　　B．生成菜单程序

C．创建主菜单和子菜单　　D．指定各菜单项要执行的操作

29．要使“编辑”菜单使用“E”作为访问键，可用（　　）定义该菜单标题。

A．编辑（E）　　B．编辑（<\E）　　C．编辑（\<E）　　D．编辑（<E）

二、填空题

1．菜单文件的扩展名是________，菜单程序文件的扩展名是________。

2．可在命令窗口中执行________命令来运行指定的菜单程序，但菜单程序的扩展名________不可以省略。

习 题 答 案

习 题 1

一、选择题

1. C　2. D　3. C　4. D　5. A　6. A　7. C　8. B　9. D
10. D　11. C　12. B　13. A　14. C　15. B　16. A　17. B

二、填空题

1. 关系数据模型　2. 关系数据　3. 选择　4. 联接　5. 记录或元组
6. 数据库管理系统　7. 多对多　8. 一对多

三、简答题

略

习 题 2

一、选择题

1. C　2. C　3. C　4. C　5. C　6. D　7. B　8. A　9. D
10. A　11. D　12. C　13. D　14. C　15. C　16. C　17. B　18. D
19. D　20. A　21. D　22. B　23. D　24. D　25. B　26. B　27. D
28. B　29. B　30. B　31. A　32. B　33. C　34. A　35. B

二、填空题

1. 13　2. 字符　3. HOME　4. −1　5. 789.1235　6. 55.50
7. 1　8. C　9. NOT　AND　OR　10. abcdef123

习 题 3

一、选择题

1. A　2. A　3. B　4. B　5. D　6. C　7. D　8. A　9. D
10. D　11. C　12. B　13. C　14. C　15. D　16. A　17. B　18. D
19. B　20. B　21. D　22. C　23. A　24. C　25. C　26. B　27. A
28. A　29. A　30. A　31. B　32. D　33. B　34. A　35. B　36. D

37．B 38．C 39．C 40．D 41．A 42．C 43．C 44．B 45．C
46．D 47．C 48．B

二、填空题

1．MODIFY DATABASE 2．SKIP 3．DISPLAY STRUCTURE
4．GO 1 5．PACK 6．当前 7．RECALL 8．逻辑型
9．ALL 10．身份证号 11．DELETE ALL 12．BROWSE 13．Ctrl+Y
14．INSERT 15．SELECT0 16．.dcx 17．MODIFY TRUCTURE
18．数据库 19．GOTO 20．Ctrl+T 21．INSERT BLANK BEFORT
22．全部 23．索引关键字 24．数据库设计器 25．逻辑
26．数据库文件 27．普通索引 28．实体 29．.cdx
30．主普通 候选普通

习 题 4

一、选择题

1．D 2．B 3．D 4．C 5．A 6．C 7．B 8．C 9．D
10．A 11．A 12．C 13．A 14．B 15．D 16．B 17．B 18．D
19．C 20．B 21．B 22．A 23．A 24．A 25．D 26．B 27．D
28．B 29．A 30．B 31．B 32．A 33．C 34．A 35．A 36．B
37．C 38．D 39．D 40．B 41．B 42．A 43．D 44．D

二、填空题

1．DISTINCT 2．INTO CURSOR 3．PRIMARY KEY 4．CHECK
5．HAVING 6．逻辑 7．COUNT 8．AVG
9．MIN 10．ARRAY 11．FILE 12．PRINTER
13．数据查询 14．GROUP BY 15．HAVING 16．ORDER BY
17．DESC

三、上机操作题

1．SELE 姓名,性别 FROM 学生表
2．SELE DIST 系别 FROM 教师表
3．SELECT * FROM 学生表 WHERE LEFT(姓名,2)= "王"
4．SELECT * FROM 成绩表 WHERE 成绩 BETWEEN 60 AND 80
或 SELECT * FROM 成绩表 WHERE 成绩>= 60 AND 成绩<=80
5．SELE * FROM 成绩表 WHERE 成绩=85 OR 成绩=86 OR 成绩=88
或 SELE * FROM 成绩表 WHERE 成绩 IN (85,86,88)
6．SELE * FROM 学生表 WHERE 班级="95031" OR 性别="女"

7．SELE * FROM 学生表 ORDER BY 班级 DESC

8．SELE * FROM 成绩表 ORDER BY 课程号, 成绩 DESC

9．SELE COUNT(*) FROM 学生表 WHERE 班级="95031"

10．SELE 学号,课程号 FROM 成绩表 WHERE 成绩=(SELE MAX(成绩) FROM 成绩表)

11．SELE AVG(成绩) FROM 成绩表 WHERE 课程号="3-105"

12．SELE AVG(成绩) FROM 成绩表 WHERE 课程号 LIKE "3%" GROUP BY 课程号 HAVING COUNT(*)>=5

13．SELE 姓名，成绩 FROM 成绩表,课程表,学生表 WHERE 成绩表.学号=学生表.学号 AND ; 成绩表.课程号=课程表.课程号 AND 课程表.课程名="计算机导论" AND 学生表.性别="男"

14．SELE AVG(成绩) FROM 成绩表,学生表 ON 成绩表.学号=学生表.学号;AND 班级="95031"

15．SELE * FROM 成绩表 WHERE 成绩>(SELE 成绩 FROM 成绩表;WHERE 学号="109" AND 课程号="3-105")

16．SELE * FROM 成绩表 WHERE 课程号=(SELE 课程号 FROM 课程表,教师表 WHERE;课程表.教师号=教师表.教师号 AND 教师表.教师姓名="张旭")

17．SELE 姓名 FROM 学生表 WHERE 性别=(SELE 性别 FROM 学生表 WHERE 姓名="李军") AND; 班级=(SELE 班级 FROM 学生表 WHERE 姓名="李军")

18．SELE DIST 课程号 FROM 成绩表 WHERE 成绩>85

19．SELE * FROM 成绩表 WHERE 课程号 IN (SELE 课程号 FROM 课程表,教师表 WHERE ;

课程表.教师号=教师表.教师号 AND 教师表.系别="计算机系")

20．SELE 姓名,YEAR(DATE())-YEAR(生日) AS 年龄 FROM 学生表

21．CREATE TABLE STUDENT(学号 c(2) PRIMARY KEY,姓名 c(8),性别 c(2) CHECK ;

性别$"男女" ERROR "性别只能为男或女！" DEFAULT "男",年龄 I)

CREATE TABLE SC(学号 c(2),课程号 c(2),成绩 n(4,1))

CREATE TABLE COURSE(课程号 c(2) PRIMARY KEY,课程名 c(10),学分 I,任课教师 c(8))

22．ALTER TABLE STUDENT RENAME 年龄 TO 年纪

ALTER TABLE STUDENT ALTER 年纪 n(2)

23．ALTER TABLE SC ADD AAA L

24．ALTER TABLE COURSE ALTER 学分 I CHECK 学分>0 ERROR "学分必须大于零。" DEFAULT 0

25．ALTER TABLE COURSE DROP 任课教师

26．DROP TABLE SC

27．INSERT INTO STUDENT VALUES("S1","李平","女",22)

28．UPDATE STUDENT SET 年龄=年龄+1

29．DELETE FROM STUDENT WHERE 性别="女"

习 题 5

一、选择题

1. A　2. D　3. B　4. D　5. A　6. A　7. D　8. C　9. D
10. B

二、填空题

1. 筛选　2. 表　视图　3. 基本表　4. 连接

习 题 6

一、选择题

1. B　2. C　3. B　4. A　5. B　6. D　7. B　8. B　9. C
10. D

二、填空题

1. 60　2. 64　3. 45　4. S=1　5. 15　6. DO TEMP
7. .prg　8. 162　9. ESC　10. .NOT. EOF( )　OTHERWISE　SKIP
11. r=r+1　12. ?? "*"　J=J+1　I=I+1
13. USE XSDB　LOCATE FOR　DISPLAY　14. S　I　I<100，S=S+I
15. 45　16. 300　17. 143　18. SCAN FOR 性别="男"
19. SET RELATION TO 姓名　20. OTHERWISE
21. SUM=SUM+1　22. SUBSTR(ST1,L-I+1,1)

习 题 7

一、选择题

1. A　2. A　3. C　4. D　5. B　6. C　7. D　8. A　9. C
10. C　11. B　12. B　13. B　14. C　15. A　16. B　17. A　18. B
19. B

二、填空题

1. 名称　2. .scx　3. 标题　4. 可见　5. Clickl
6. 单击　7. 表单控件　8. 表单

三、窗口设计

略

习 题 8

一、选择题

1．B　2．A　3．C　4．B　5．D　6．C　7．C　8．B　9．C
10．C　11．A　12．D　13．C　14．B　15．C　16．A　17．A　18．A
19．B　20．B　21．B　22．A　23．D　24．D　25．C　26．B　27．C
28．B　29．C

二、填空题

1．.mnx　.mpr

2．DO MENU　.mpr

参 考 文 献

高伟，陈林．2005．Visual FoxPro 9.0 基础教程．北京：清华大学出版社．

郭力平，雷东升，冷永杰，等．2008．数据库技术与应用：Visual FoxPro．2 版．北京：人民邮电出版社．

孔庆彦，王革非，王俊生．2010．Visual FoxPro 数据库应用教程．北京：机械工业出版社．

李树平，李金凤，邢军，等．2010．Visual FoxPro 程序设计．北京：清华大学出版社．

刘昌鑫．2007．Visual FoxPro 程序设计．上海：同济大学出版社．

刘锁兰，敬国东，李海．2010．全国计算机等级考试实用应试教程：二级 Visual FoxPro（最新版）．北京：电子工业出版社．

刘永利，李倩．2010．Visual FoxPro 6.0 程序设计任务驱动法教程．北京：中国水利水电出版社．

王晟，王松，刘强．2006．Visual FoxPro 数据库开发经典案例解析．北京：清华大学出版社．

徐尔贵．2006．Visual FoxPro 面向对象数据库教程．北京：电子工业出版社．

张高亮，谭华山，郑志华，等．2010．Visual FoxPro 程序设计．北京：清华大学出版社．

张高亮，谭华山，郑志华，等．2010．Visual FoxPro 程序设计实践．北京：清华大学出版社．

周必水．2004．Visual FoxPro 程序设计．北京：科学出版社．